中国建筑管理丛书

项目管理卷

中国建筑工程总公司　编著

U0211002

中国建筑工业出版社

图书在版编目（CIP）数据

项目管理卷/中国建筑工程总公司编著. —北京：中国
建筑工业出版社，2013.11
（中国建筑管理丛书）
ISBN 978-7-112-15968-0

Ⅰ.①项… Ⅱ.①中… Ⅲ.①建筑工程－工程项目管
理－研究－中国 Ⅳ.①TU71

中国版本图书馆CIP数据核实（2013）第238505号

责任编辑：孙立波　曲汝铎　张　磊
装帧设计：锋尚设计
封面设计：风采怡然设计工作室
责任校对：张　颖　刘　钰

中国建筑管理丛书

项目管理卷

中国建筑工程总公司　编著
*
中国建筑工业出版社出版、发行（北京西郊百万庄）
各地新华书店、建筑书店经销
北京锋尚制版有限公司制版
廊坊市海涛印刷有限公司印刷
*
开本：787×960毫米　1/16　印张：19½　字数：280千字
2014年1月第一版　2014年6月第二次印刷
定价：58.00元
ISBN 978-7-112-15968-0
　　（24764）

引领管理之先

筚路蓝缕而春华秋实。

中国建筑经过30年的不懈奋斗，2012年取得了营业规模位列全球建筑地产企业第1位、世界500强第100位、中央企业排名第5位、中国内地企业中排名第9位的"1159"辉煌业绩，2013年更上一层楼，跻身于世界500强前80强，蝉联全球建筑地产综合企业集团之冠。

在旁人看来，中国建筑已是业界龙头、行业领袖。知人者智，自知者明。中国建筑过去取得的成功，是顺势而成，踏上了改革开放时代的节拍。而且，目前规模的"大"与核心竞争力的"强"还存在着本质性区别。与国际一流公司对标，在体制机制、资源整合、创新能力、基础管理、国际化人才队伍、品牌影响力、自主知识产权和核心技术、国际化能力等方面，中国建筑还有很大的提升空间，还有艰难的路要走。

惟其艰难，才更显勇毅。中国建筑在市场经济的洗礼中，趟过一个个险滩，攀越一座座高峰。中建人从来不畏惧时势的磨砺，也从不缺乏争先的气魄，这是溶于中建人血液中的特质。正是秉承如此创先争优的精神气概，30年来，我们始终坚持改革发展不动摇，始终推进管理不懈怠，才开辟了经营管理的新境界，才不断攀登了企业发展的新高度。从八十年代项目管理方式的探索，到如今产业结构的调整；从"一裁短两消灭三集中"，到"五化"战略的实施；从"三大市场策略",到"四位一体"全产业链的协同联动……我们执着而坚定地冲向一个目标——最具国际竞争力的建筑地产企业集团，纵使三十年不"将军"，却无一日不"拱卒"，行无止境、自强不息。

党的十八届三中全会提出了全面深化改革的要求，发挥市场的"决定性作用"，促进国有企业要建立更加完善、适宜、高效的运行机制和管理体系，以顺应新的竞争和发展需求。对中国建筑而言，市场风云变幻无常，我们要踏准时代的节拍，必须不断实现自我革新、自我提升。中国建筑要在国际竞争中取胜，最终依赖的是企业自身的核心竞争力，而核心竞争力的基础，则是企业管理。就像一个木桶盛水的高度取决于最低的那块木板，而管理就是企业中那块最低的木板。所以，不论形势如何变化，只有管理才能最终赢得发展，提高竞争力。

"君子务本，本立而道生"。做企业，同样如此，管理精细而致远。只要我们专心致志抓牢根本性的工作，基础做好了，"道"也就产生了，适应形势的能力强大了，则企业可大可强可久远。

世界经济一体化，企业管理现代化，市场竞争全球化，企业管理面对是管理理念、方法、技术、手段的全方位的变革。管理的核心由组织生产要素转变为价值创造；管理内容由追求利润最大化转变为追求个人、企业与社会协调发展，以求得企业利润目标与社会责任的统一，竞争与和谐的统一；管理方法由以效率、激励等为中心转变为以战略、文化为中心。管理创新成为了管理现代化的关键，就是要通过管理创新来推动技术创新、商业模式的创新，推动发展方式的转变，来解决企业当前面临的诸多矛盾和问题。

管理的变革既体现在公司治理结构、战略决策上，也体现在组织架构设计和各业务层面的日常工作中。管理是企业的基本功，管理提升也需要循序渐进、不断总结创新，还需要在实践中把新的管理要素（新的管理理念、新的管理手段）或新的管理要素组合引入企业管理系统，从而更有效地实现企业发展目标。

中国建筑要引领行业之先，首先必须引领管理之先。管理没有捷径可走，只有不断地精益求精、积蓄潜能，需要点滴推进、不躁不馁，脚踏实地，切忌浅尝辄止、华而不实。依靠文化塑造灵魂，全面提升各环节的管理，回归价值创造的管理本源，打造有竞争力的价值链。从价值创造的层次审视管理，进行查缺与补漏，保障业务管理层面的全面提升。

行业排头，世界一流。这是中国建筑的志向。一方面我们要"致广大"，另一方面，我们更需要"尽精微"。雄韬伟略固然重要，但如果缺少精细的管理，缺少精耕细作，高远的志向就好比好高骛远的臆想。

令人欣慰的是，中国建筑各业务层正在加强对知识的更新、问题的探索、信息化手段的运用，管理思维逐步转变。千里之行，始于足下。今天，我们已经迈出了第一步，即使一天走一步，我们最终定会到达彼岸。

中国建筑要实现基业长青，需要超越一代人或几代人的生命局限，需要长期渐进的坚韧精神和执着追求，所以每位管理者都应该有这种胸襟，都应该承担未来发展的责任。

值《中国建筑管理丛书》结集出版之际，以此感悟为序，与同仁共勉。

易 军

（中国建筑工程总公司董事长、党组书记）

前言
Preface

工程项目是建筑企业生存和发展的基础，企业的一切管理活动本质上都是围绕着项目展开。"中国建筑"每年都以项目管理标准化为手段承建着成千上万的项目，每一个工程项目的实施都积累、总结出了一套管理经验，而从一些精品工程积累的丰富的项目管理经验中再进行总结，提炼和共享则是提升"中国建筑"项目管理能力的重要途径。2009年，中国建筑工程总公司决定每年举办一届"中国建筑"项目管理论坛，作为全中建系统各企业交流项目管理经验的重要平台。举办项目管理论坛是"中国建筑"在项目管理领域中的一件大事和盛事。为此，公司安全质量环境部作为具体组织和负责部门，高度重视此项工作，将其作为部门每年的最重要的工作之一，精心策划和组织。2009年12月在北京成功组织召开了以"继往开来 科学发展"为主题的第一届"中国建筑"项目管理论坛，此后又于2011年1月在深圳成功召开了以"提升管理能力 追求价值创造"为主题的第二届"中国建筑"项目管理论坛，于2012年4月在南京成功召开了以"标准化管理 高品质发展"为主题的第三届"中国建筑"项目管理论坛。在每届论坛上，中建总公司的主要领导和主管领导都围绕着论坛主题作重要讲话和主旨发言，有关企业和项目也做了卓有成效的交流发言，论坛上领导的讲话和经验交流都围绕着如何不断提升企业的项目管理能力和水平而展开，也体现着中建总公司对行业发展的前瞻性眼光与战略思考，对全中建系统，甚至对全行业都具有重大的引领意义。

作为我国建筑行业的排头兵，作为国务院国资委管理的中央企业，中建总公司深知自己所肩负的社会责任，愿意把中建人用智慧和汗水换来的宝贵经验与我国广大的建筑企业和项目管理人员分享，以促进行业的发展。为此，我们将第一届至第三届"中国建筑"项目管理论坛上的主要材料精心整理，汇编成册，奉献给中国建筑业，期望中国建筑业能够不断地科学发展，建筑企业不断增强项目管理能力和国际竞争力，实现从建筑大国到建筑强国的伟大进步！

本书仅是"中国建筑"内部项目管理经验汇编，不妥之处，敬请提出宝贵意见和建议。

目 录
Contents

Chapter 01

第一篇
继往开来 科学发展

1

Chapter

01

第一篇

继往开来　科学发展

导 读

　　以"继往开来　科学发展"为主题的第一届"中国建筑"项目管理论坛于2009年12月在北京召开。2009年对于"中国建筑"是一个历史性的年份。2007年，以中国建筑工程总公司为主体组建成立了中国建筑股份有限公司，并于2009年7月成功登陆A股市场，募集资金501亿元，当时创造了有史以来全球建筑及地产行业最大的IPO，实现了企业新的跨越。"中国建筑"的成功上市，不仅仅极大地增强了资本实力，而且也是企业进一步科学发展的重大机遇。

　　成功上市的第一年，召开"中国建筑"项目管理论坛，表明"中国建筑"对于项目管理工作的高度重视。本届论坛以"继往开来　科学发展"为主题，既是对"中国建筑"项目管理发展历程的回顾和总结，也是对未来项目管理发展的深入思考。中国建筑工程总公司组建于我国计划经济年代的末期，在企业的改革发展过程中，先后探索、实施了栋号承包制、项目法施工、法人管项目等项目管理体制。这个历程既是中国建筑行业，从计划经济向市场经济发展的一个缩影，也充分反映了置身于完全竞争环境中的"中国建筑"，不断适应市场经济、持续改进项目管理体制的不懈努力。"中国建筑"近年来的快速发展，充分说明其发展历程完全符合市场经济的客观规律，也证明"中国建筑"完全有资格作为行业的引领者。

　　本届论坛回顾了"中国建筑"项目管理改革发展的历程：脱胎于计划经济，肇始于栋号承包，学习鲁布革经验、推行项目法施工，实施法人管项目。法人管项目是在总结中海集团、中建国际经验的基础上，结合工程局的先进做法提出来的。法人管项目强调项目管理工作中既要有集中管理，又要有合理授权；既调动项目部的积极性，又使项目受到企业的有效管控。论坛上，多家单位的交流题目集中于法人管项目，集中采购是法人管项目的重要措施，中建一局对物资集中采购作了详细的交流，中建八局对物资集中采购和分包集中采购作了系统的介绍，两家单位的交流材料阐述了集中采购的意义和措施，也指出了集中采购需解决的问题；中建国际建设有限公司介绍了法人管项目体制下的项目管控体系，尤其是企业层面与项目层面的责权利关系以及资源的优化配置，将项目管理体制总结为"一个主体、两个层次、三个法宝、四个集中、五个目标"；法人管项目的根本目的是理顺企业层级和项目部的责权利关系，而推行项目管理目标责任制就是责权利关系的具体体现。中建三局按照"四结合、四体现"的思路来推行项目管理目标责任制，效果非常显著；中国建筑国际集团在香港三十多年的不断探索和实践中，形成了企业各职能部门和工程部门对工程项目直接管理的企业总部集中管控模式，其对项目管理的绩效评价体系有效地将经营管理指标下达给项目，并对项目实施有效的监管、考核与激励。

标准化是建筑企业项目管理向现代化发展的重要举措之一，也是本届论坛上前瞻性思考的内容。论坛上正式发布了中国建筑股份有限公司《项目管理手册》（第一版），《手册》以"项目策划书、项目部责任书、项目实施计划"三个基本文件，以"项目经理月度报告、项目商务月度报告、项目每日情况报告"三个基本报告为核心，规定项目管理的基本管理环节，对"中国建筑"的项目管理标准化都将起到重要的引领作用。

1 推行项目管理标准化
促进"中国建筑"科学发展

——在第一届"中国建筑"项目管理论坛上的致辞

中国建筑股份有限公司　总裁　易军

2009 年 12 月 17 日

在公司成功上市的第一年，我们举办第一届"中国建筑"项目管理论坛，意义重大！工程项目是我们建筑企业生存和发展的基础，我们企业的一切管理活动本质上都是围绕着项目展开的，项目管理的重要性怎么讲都不为过。"中国建筑"每年承建着几千个项目，举办项目管理论坛的目的就是要促进系统内项目管理经验的交流，推进项目管理标准化工作，不断提高"中国建筑"的项目管理水平。

本次论坛的主题是"继往开来，科学发展"，部分二级企业将针对有关专题交流，部分优秀项目经理也将就项目的成功经验交流。我们还要表彰2008年度"杰出项目管理奖"项目，并公布2009年度"优秀项目管理奖"项目名单。希望大家珍惜此次难得的机会，充分交流，共同提高。

"中国建筑"自1982年成立以来，在不占有国家大量直接投资、自然资源、经营专利和没有行业保护、地方保护的情况下，积极投入改革开放的大潮，发展到今天的中国建筑业中惟一一家拥有三个特级总承包资质、国内最大的建筑地产综合企业集团和最大的国际承包商。2006年至2009年，我们连续4年进入世界500强企业名单，并且排名持续上升。

2009年7月29日，"中国建筑"的股票在上海证券交易所成功发行，成为2008年以来全球最大的IPO，标志着公司进入了一个新的历史发展时期！

从我国改革开放至今，"中国建筑"一直在不断地研究如何变革生产关系，解放生产力。从最初的积极探索栋号承包制到推广项目法施工，再到实行法人管项目，"中国建筑"一直走在行业的前列。在党的十七大上，胡锦涛总书记提出了"科学发展观"的重要思想，那么，我们建筑企业该如何实现科学发展呢？显然，要实现科学发展就应该有科学的管理，而科学的管理应该以科学的、统一的管理标准为前提。

由于发展历史、企业治理、管理机制，甚至企业文化的差异，"中国建筑"系统内各个企业在项目管理上存在着参差不齐的现象，特别是在优秀企业和相对落后企业之间，项目管理水平的差距还很大。现在，"中国建筑"品牌已经统一，全国各地和世界许多地方都印着我们的"中建蓝"的CI标识。"中国建筑，品质重于泰山。过程精品，服务跨越五洲"的标语也已经为行业所熟知，为广大客户所认同。但是，我们的项目管理模式却还没有统一，提供的服务及产品品质还良莠不齐，这是阻碍我们进一步发展的瓶颈，特别是对一家上市的公众公司而言，要确保过程精品和精品工程，首先是确保工作质量，即每一个项目、每一个环节的过程品质都要始终如一，如果没有项目管理的标准化是无法实现的。要实现项目管理的标准化，就必须有一个统一的"度量衡"，一把标准的尺子。

为此，公司市场与项目管理部在大量调研的基础上，充分汲取各企业的先进项目管理经验，组织编写了《项目管理手册》。该《手册》针对"中国建筑"项目管理的特点，以项目成本控制为核心，建立以项目生产发展过程为线索的项目全过程管理机制。《手册》以"项目策划书、项目部责任书、项目实施计划"三个基本文件和"项目经理月度报告、项目商务月度报告、项目每日情况报告"三个基本报告为核心，规范了"中国建筑"项目标准化管理的统一性、综合性和可操作性。

在座的项目经理们都是"杰出项目管理奖"或"优秀项目管理奖"

的获得者，是公司最优秀的一批项目经理，希望大家在今后的项目管理中认真学习、积极执行《项目管理手册》，并在实践中提出完善的意见和建议。在当好实践者和推动者的同时，还要当好宣传员和布道者，从而有力促进项目标准化管理在各自企业的良好开展。

举办项目管理论坛是"中国建筑"在项目管理工作中的一件大事和盛事。将来，我们要逐步把"中国建筑"项目管理论坛从企业论坛办成行业论坛，甚至是国际交流论坛，不断提升"中国建筑"在行业中的影响力。

2009年很快就要过去了，这是我们坚韧务实、顽强拼搏，积极应对国际金融危机挑战的一年，公司业绩得到大幅提升并且成功上市。希望大家在新的一年里，再接再厉，从持续提升企业品质出发，从项目管理标准化做起，为了公司新的"一最两跨"战略目标的实现，为了"中国建筑"的基业长青而努力！

加强项目集约化管理，打造我们的核心能力

——在第一届"中国建筑"项目管理论坛上的主旨讲话

中国建筑股份有限公司 副总裁 王祥明

2009 年 12 月 17 日

公司决定从今年开始举办"中国建筑"项目管理论坛，希望通过论坛的形式，建立起研究、探讨和推进项目管理的机制，引领项目管理的方向，倡导先进的项目管理理念，促进"中国建筑"项目管理的科学发展。今年的论坛主要是在中建系统内部进行，将来具备条件，再推向社会，办成品牌。

既然是论坛，我们就不能搞成空谈，既要坐而论道，更要起而笃行。要想取得实际成效，必须做到坚持"三结合"：一是交流与引导相结合，我们既要相互交流好的经验和做法，也要有意识地明确总公司的导向；二是理论与实践相结合。我们既要从理论上深入地研究项目管理的问题，也要从实践中找到可行的方法解决问题；三是研究与推进相结合。我们既要研究做什么的问题，也要解决如何去做的问题，把"三结合"做好，抓住典型，样板引路，以点带面，推动全局。

项目管理是我们建筑企业永恒的主题，这是由企业的本质所决定的。项目管理的根本在于运用知识为顾客创造价值，从而获得收益。作为建筑企业，项目是运用知识为顾客创造价值的载体，是产品形成的场所，是形象展示的窗口，更是利润的重要来源，是经营的根本和发展的基础。因此，促进项目管理的科学发展是我们持之以恒的任务。

我今天发言的题目是：加强项目集约化管理，打造我们的核心能力。集约化的"集"是指集合，集中人力、物力、财力、管理等生产要素，进行统一配置；集约化的"约"是指在集中、统一配置生产要素的过程中，以节俭、约束、高效为价值取向，从而达到"低成本竞争，高品质管理"，使企业获得持续的竞争优势。围绕"继往开来，科学发展"的主题，我主要讲三点，一是简要回顾项目管理的发展历程，二是强调当前需要解决的紧迫问题，三是展望未来的发展方向。

一、回顾历史，用四个关键词解析项目管理的发展历程。

这四个关键词是"栋号承包制"、"鲁布革经验"、"项目法施工"、"法人管项目"。用这四个关键词可以延伸出四句话，来概括中国建筑业改革与发展的历程，并说明我们中建如何顺应和引领发展潮流。

● 第一句话是："栋号承包制"是中国建筑业推行项目管理的原始形态。

在高度计划经济体制下，并不存在现代意义的项目管理。1978年12月召开的中共十一届三中全会，是中国历史的一个重要里程碑，启动了中国改革和开放的历史进程。中国进入了一个崭新的历史发展时期，项目管理在建筑业中开始了发轫、突破、发展的历程。

在计划经济年代，中建的号码公司一般都下设工程处，工程处下设工程队，由工程队具体从事生产活动，企业层级复杂。企业内部的经营管理活动都是计划的，激励机制的缺乏导致生产效率的低下。在20世纪80年代初，中建总公司就开始了"栋号承包制"的积极探索，加强了单位的经济核算，根据工程效益的好坏发放奖金，对一线作业职工实行了

"准计件工资"，根据其工作任务完成情况发放"超产奖"，打破了干多干少一个样的"大锅饭"模式，逐步落实施工管理人员的责任，建立起了初步的项目管理责任制。这个时期的"栋号承包制"其实可以看成是推行项目管理的原始形态。

● 第二句话是："鲁布革经验"推动了中国建筑业的市场化进程，推开了中国建筑业改革的大门。

鲁布革水电站是中国第一个使用世界银行贷款的项目，按世行的要求必须进行国际招标。因此，引水隧道的施工及主要机电设备实行了国际招标。在投标中，日本大成公司以远低于其他竞争对手的报价而中标，并最终优质高速地完成施工任务，引起了巨大的冲击。1987年6月，在全国施工工作会议上，李鹏总理发表了《学习鲁布革经验》的讲话，提出全面学习鲁布革施工经验。自此，中国建筑业改革的大门被推开了，一系列的改革由此启动。

在学习鲁布革经验中，中建系统积极响应。国家有关部委在1987年确定了18家企业作为试点，中建三局、八局成为首批试点的企业。1990年，建设部审批了第二批试点企业，使试点企业总数达到50家，中建总公司的一局、二局、三局、六局、八局五家企业成为试点企业。

● 第三句话是："项目法施工"推动了中国建筑业企业项目管理体制的改革。

按照李鹏总理在全国施工企业会议上提出的学习鲁布革经验的要求，时任国家计委施工局局长的张青林同志负责组织研究鲁布革工程施工经验，于1987年9月创造性地提出了"项目法施工"的概念和理论体系，提出以实行项目经理负责制来推动全民所有制的建筑企业的内部改革。20世纪90年代初，进一步丰富和完善了"项目法施工"的内涵，强调建筑业企业必须进行项目管理体制改革，按照项目的规律来组织施工，推行项目经理责任制和项目成本核算制等制度，实现项目经理部组建的"三个一次性"定位：即项目经理部是一次性的施工生产临时组织机构；项目是一次性的成本管理中心；项目经理是一次性的授权管理者。20世纪90年代，"项目法施工"在全国得到了广泛的推广和应用，大大地提高了建筑业企业的管理水平。1993年，青林同志调任中建总公司党组书记，在青林同志的直接领导下，大力推行"过程精品、标价分离和CI形象"三位一体的项目管理，使得"中国建筑"成为建筑行业响当当的品牌。

● 第四句话是："法人管项目"促进了建筑企业项目集约化管理。

在推广"项目法施工"的过程，中国建筑业企业发生了分化。有的取得了很大的成功，有的则在实施项目承包的过程中产生了新的问题，发生了"一放就乱，一收就死"的情况，遇到了新的瓶颈。中建系统由于规模庞大，法人机构林立，管理链条冗长，发展很不平衡，也遇到类似问题。2002年，孙文杰总经理根据中海集团的经验，并结合一些工程局的先进做法，提出实行"法人管项目"，以解决机构林立、管理链条冗长、企业管理粗放、效益大量流失的问题；克服资源分散和沉淀在项目上的不良现象；提高企业对项目服务、管控的能力，提高企业整体的项目管理效率和综合效益，防止腐败行为的发生。"法人管项目"的核心就是加强项目集约化管理，合理调配企业和项目两个层次的责权利，既有集中管理，又有合理授权；既调动项目部的积极性，又使项目运行在公司的预定轨道上，从而实现"低成本竞争，高品质管理"。2005年，按照"法人管项目"的原则，中建总公司编制了《工程项目管理规范》（企业标准），使"法人管项目"成为一套理论体系，进一步促进了中建总公司系统的项目管理体系的完善。

二、当务之急，重点要从三个方面加强项目集约化管理，进一步落实"法人管项目"。

为了进一步落实"法人管项目"，今年公司在《工程项目管理规范》的基础上，组织编写了《项目管理手册》。《项目管理手册》在可操作性和标准化管理上下了很大的功夫。希望各单位认真贯彻执行《项目管理手册》，进一步完善项目管理体系建设，规范项目管理工作，促进项目集约化管理。针对当务之急，主要强调三点，希望大家抓紧落实。

● 第一是继续推行项目目标责任管理，完善项目绩效与薪酬管理，提高项目执行力。

推行项目目标责任管理，是加强项目集约化管理的基本保证。加强项目集约化管理，仍然必须继续坚持项目经理部的"三个一次性"的定位，只是对于项目授权范围和成本管理责任有所调整。在成本管理上实行"量价分离"的原则，公司层面侧重于控制价格，项目层面侧重于控制用量，同时公司层面也必须监管用量，项目层面也能够提出合理的控制价格的要求。如果推行项目集约化管理，而忽视了项目目标责任管理，或者是混淆和模糊了成本管理的责任，必定会造成严重的不良后果。因此，我们必须继续推行项目目标责任管理，完善项目绩效与薪酬管理，调动项目经理部的积极性，提高项目执行力。抓住了项目目标责任管理，就能够抓住项目成本管理这个核心，就能够为加强项目集约管理提供保证。

● 第二是继续推行项目策划，加强项目科学化管理。

推行项目策划是实现项目集约化管理的重要措施。项目策划主要包括两项重要工作：一个是通过项目策划，确定项目管理目标，科学、合理地为项目配置资源；另一个是深入开展商务策划，通过技术方案的优化，提高项目收益。

● 第三是继续推行集中采购，深入挖掘效益潜力。

推行集中采购是加强项目集约化管理的基本要求。集中采购的问题我们已经谈了多年，但是至今还没有形成一个统一的意见。什么是集中采购，如何实现集中采购？这些是我们现在必须解决的问题。我的理解是：集中采购有两个方面的含义，一个是指将采购权集中在企业层面，一个是指在规模上实行集中的批量采购，前者是后者的基础和保证。

第一个方面的集中采购，体现了"法人管项目"的思想。目前，系统内大多数企业已经实现了大宗物资、分包队伍的采购决策权集中在企业层面。根据授权的不同，具体的采购行为可能在企业层次，可能在项目部，也可能是由企业和项目部共同实施。实施这种集权的管理手段，充分明确了企业层面与项目部之间的责权关系，确保每一项目都处于企业的控制之中。在具体实践中，基于我们的三级法人、四级管理的现状（"四级管理"是指加上号码公司的区域分公司），所以采购权一般集中在分公司层面，这是符合企业授权经营理念的，也是集中采购的具体体现。中海集团的集中采购就是根据业务的区域分部，将外埠的集中采购权授予分公司的。这种形式的集中采购是法人管项目的必然要求，是企业对项目管控的重要手段。

这里重点谈谈第二个方面的集中采购，即规模采购问题。

我们知道，降低材料费用是降低工程成本的重要的途径，而实行材料规模采购则被认为是降低成本的最直接有效手段。据测算，如果我们全系统集中统一采购钢材，每年可降低成本约5亿元左右。这是一个很可观的数字，但也只是一个理论上存在的数字。因为，我们必须认识到我们是一个由众多企业组成的企业集团，而不是一个企业，打破众多企业的责、权、利边界来为每年的几千个项目实施这么大规模的统一计划、采购、仓储、调配、运输是不可能完成的任务，即使在工程局层面实施也非常困难。我们不仅仅要看到规模采购所带来的规模经济，还必须看到"规模不经济"。随着采购规模的扩大，采购行为本身的成本也越来越大，甚至会超过规模效益，变成了"不经济"，而且采购的效率也难以保证众多项目的正常生产。因此，我们应该全面地认识规模采购问题，既要看到它的好处，也要看到它的难处，更关键的是要根据企业生产经营的实际情况，实事求是地去研究、探索，不能盲目追求。在某个企业层面、某个地域实行规模采购才是现实可行的。

总之，在集中采购问题上，我们第一要遵守法人管项目的原则，坚决把采购权集中在企业层面；第二要遵守实事求是的原则，在合适的情况下积极探索、尝试规模采购；第三要遵守规范管理的原则，加强采购信息化管理，规范采购流程，增强采购的透明度，挖掘采购的效益。

三、长远上看，要用战略思维推进项目管理工作。

所谓要有战略思维，是说要有大局观念，统筹规划，整体部署。在项目管理的问题上，我们不能光盯着单个的项目，要"见树又见林"，要用战略思维推进项目管理工作，构筑企业的核心竞争力。

● 第一是要进行业务整合，强化总承包管理能力。

总承包管理是建筑市场的发展方向，也是正在进行的资质改革所要推进的目标。中建总公司在推行总承包管理上有很好的条件，既有众多的施工总承包企业，又有实力不凡的设计单位，更有实力强大的地产集团，尤其是今年，总公司成功上市，资本实力大大加强，站在了新的历史顶峰。但是，一方面，业务结构还不尽合理，特别是投资业务还需要加强；另一方面，业务之间的整合还不够，相对是比较分散的、是互相独立的。如果能够建立一些机制，在内部把三种业务适当地整合起来，必将形成独特的竞争力，真正成为我们的核心能力。我们目前正在研究如何搭建总承包管理平台，建立相应的管理机制，促进业务整合。

● 第二是要进行区域整合，强化区域竞争力。

所谓区域整合是指对区域资源进行整合，把内部分散的资源集中起来，以核心地域为中心，辐射周边地区，建立客户、供应商等地域性资源优势，形成规模优势；同时，区域公司还要作为总部管理职能的延伸，协调和监管区域内的各单位经营和生产工作，降低管理费用，提高管理效率。区域整合是实现项目集约化管理的根本手段，是发挥规模效应的前提条件。在区域整合的问题上，各单位面临的现实情况不同，还需要长远规划，稳步推进。

● 第三是要进行专业整合，强化专业能力。

所谓专业整合，是指各专业公司要进一步加强整合，加快发展，以核心专业为中心，在专业上形成技术、装备和管理等专业性优势，从而为总承包管理提供强有力的支撑，形成综合竞争优势。中建钢结构公司，既对系统内的钢结构安装业务进行了整合，又从产业结构上完善了设计、制作和安装一体化管理，在钢结构施工领域形成了强大的竞争力。中建安装公司发展非常迅猛，并且取得了化工工业设备安装领域的新突破。

● 第四是要进行差异化管理，强化核心竞争力。

只有进行差异化管理，使别人无法模仿，或者难以模仿，才能形成真正的竞争优势，比如：以小份额投资撬动高端项目总承包管理的市场营销模式。所谓高端项目，往往是投资规模大、施工难度高的项目。即使是小份额的投资也往往上亿、甚至十多亿，这不是一般的单位能够投资的。同时，高端项目在施工上往往具有很多技术上和项目管理上的难题，也不是一般单位能够解决的，这两项资源恰恰是我们都具备的。进行差异化管理，需要充分整合各种优势资源，创造性地解决问题，形成独特的商业模式。

这四个方面，是我们正在考虑的主要问题，有些还不成熟，有些还存在一些现实的困难，不是一朝一夕能够解决的，需要从长远着手，逐步研究解决。希望我们共同努力，加强项目集约化管理，打造出我们的核心能力！

3 创新经营机制，规范运营平台，持续推进物资集中采购升级

——中建一局集团物资集中采购的探索与实践

中国建筑一局（集团）有限公司

中建一局集团物资集中采购的发展历程，主要经历了"法人单位层面物资集中采购"、"集团层面物资集中招标采购"、"集团层面物资全面集中采购"三个阶段。2004年以来，一局在不断强化法人单位层面物资集中采购的基础上，紧紧围绕物资集中采购升级，不断创新经营机制、规范运营平台，在集团层面物资集中招标采购和物资全面集中采购方面作了有益探索和实践，一局的物流公司也成功依托物资集中采购实现了自身的发展壮大。

一、法人层面物资集中采购

自1998年开始，一局各级法人单位为解决以项目为单位进行物资采购存在的各种问题，如：采购批量小，同种材料不同项目同期会出现不同价格，不利于降低成本，供应商诚信履约情况不一，资金支付不易于计划管理，资金沉淀在项目上等问题，逐步在资金集中管理的基础上，开始进行法人公司层面的物资集中采购工作。"法人单位层面物资集中采购"是实施"集团层面物资集中招标采购"和"集团层面物资全面集中采购"的基础和保证。

二、集团层面物资集中招标采购

（一）发展历程

2004年初，总公司工作会强调，要抓紧推进集中采购工作，指出集中采购是降低成本最直接有效的手段。在2004年7月总公司"物资集中采购研讨会"确定将一局作为"总公司钢材采购中心"的载体后，一局于2004年8月成立了物资采购中心，为各成员单位提供与供应商公开招、投标的平台，标志着物资集中采购开始集团化运作。

采购中心以钢材集中招标采购为主，采取定期或不定期的公开招标、分别议价的形式进行采购。采购中心运行初期仅吸收资金状况较好的一些子公司为成员单位，期间成员单位不断增加，最终一局集团所有土建单位均纳入了集团钢材集中采购范围，钢材采购量也由2005年的每年13.2万吨增加到2007年的每年22万吨。

（二）成效收益及经验做法

自2004年8月物资采购中心成立至2008年7月，在采购中心平台上共举办了37次钢材集中采购招标会，共节约成本约2611万元，钢材集中采购的成效是显而易见的。主要做法如下：

1. 建立健全组织机构，制订完善各项规章制度

成立了评标小组，全权负责钢材招标、评标和签约工作。于每月末组织一次集中招标采购，根据各家供应商的投标和议标的结果，按照从低到高的原则，确定当月中标供应商后，由各成员单位根据过去合作的情况、付款条件和可供钢筋的规格、数量，分别与供应商签订供货合同并负责履约。为规范工作程序，相继出台了《中建一局集团物资采购中心章程》等相关制度。

2. 不断改进工作流程，大幅降低采购成本

通过不断探索，对集中采购招、投标工作的方式、方法及程序进行改进与完善。将标书的发放及供应商报价通过网络来实现；在评标的方法上将供应商的一次报价改为二次议价，既给了供应商销售机会，又降低了钢材采购价格。

3. 有效规避合同风险，不断提高工作效率

为了规避采购合同风险，约请法律专业人士对招标文件及合同文本进行规范，明确各成员单位的权利与义务，规范采购中心的业务运作，在集中招标采购平台运行的4年多时间里，没有发生一起因合同条款不明确所产生的合同纠纷，有效地避免了合同风险。根据集中招标采购的需求，开发了"钢材招标系统"，整合了适合集中招标采购工作的功能，简化了采购中心的运作程序，从供应商二次议价、评委评审，到选定供应商并当场签约，整个过程两个小时之内即可完成。

4. 强化常规资源配置，构建内部租赁市场

从2009年3月开始，对不同区域架设工具的租赁收益情况进行了反复调查、测算。经测算，企业购置自有架设工具，可以在很大程度上改善施工项目的资金压力，降低生产成本，增强企业市场竞争力。在此基础上，于2009年6月30日发布了《中建一局集团区域公司架设工具管理办法（试行）》，对区域公司架设工具的购置、租赁使用作出了具体的规定。

5. 创新集中采购形式，构建战略合作关系

由于施工项目大部分物资采购具有时间分散、品种繁多、数量多少不一的特点，除钢材、商品混凝土、模板、架料等外，许多材料按照定期集中招标方式难以取得理想效果。为此，一局在进行充分市场调研的基础上，根据品牌知名度、产品质量、项目使用概率、销售或物流在全国范围内的供应能力，与一些大型供应商签订了战略合作协议，使各单位在全国范围内的项目在需要时均可以享受统一的优惠价格。

（三）存在问题及原因分析

随着集中招标采购平台的运行，一些影响集中招标采购效益的问题也逐渐显现出来，影响了集中招标采购工作的进一步发展。

1. 直接向钢厂协议采购需要一次全额支付定金，采购平台并无此功能。因此，集中招标采购的对象都是钢材的经销商，经销商的利润追求也减少了集中采购的效益。

2. 由于建筑市场的特点，工程款回收时间和数量与支付钢材款的时间和数量均有滞后，各单位采购钢材基本都使用承兑汇票作为支付手段，供应商相应收取的贴息费用也造成了采购成本的增加。

分析上述存在的问题，我们认为主要的原因在于：

● 一是建筑企业普遍存在流动资金不足的情况。市场规律又导致施工项目资金收支大部分时间是不平衡的，一定时间内，需要企业补充不足部分的资金来保证项目正常运转。

● 二是因历史原因形成的多层企业法人结构，受制于工商、税务等法律的约束，使得不同企业法人之间的资金集中和支付管理存在一定的难度。

三、集团层面物资全面集中采购

（一）发展历程

通过总结4年来的经验，2008年7月，进一步深化了物资集中采购战略，变集中采购"平台"为集中采购"实体"的运作模式，采取行政引导、市场化运作的手段，赋予中建一局集团物流有限公司承担物资集中供应的责任，取得了良好效果。

一年多来，物流公司钢材集中采购供应规模和能力得到了迅速提升。目前在京津两地共设置了五处钢材仓库，达到日供应量1000吨以上的服务水平。分别与几大钢厂签订了长期订货协议，月协议量达到15000吨，并将不断增加。钢材集中采购覆盖区域已辐射至北京、天津、河北、内蒙古等省、市、自治区。在钢铁行业知名的专业网站"兰格钢铁网"开辟了自有的域名和网页，扩大了一局集团集中采购在行业内的影响。

（二）成效收益及经验做法

通过钢材集中采购，在降低材料成本的同时，也使物流公司借助低成本的资源优势，提高了在外部市场的盈利水平。

1. 各单位降低了采购成本

物流公司集中采购前，各单位所需钢材来源渠道为社会供应商，采购价与市场平均价差距不大。如未按时支付货款，还要承担相应的资金占有成本费用。遇有市场行情看涨，经常会发生供应商惜售、到货不及时等现象，从而影响项目的工程进度。集中采购后，凭借各单位集中的需求量优势，直接与钢厂签订长期订货协议，享受钢厂的批量优惠，既降低了采购成本，又保证了钢材质量。同时，钢厂每月稳定的到货，保证了对各工程项目的及时供应。资金充裕的单位在享受钢厂直接采购所带来的价格、质量等好处的同时，又可通过套期保值操作达到锁定钢材价格，获得市场价格变动所带来的风险收益。

除了降低采购成本外，各单位在质量、数量及廉洁从业等方面也受益良多。一方面，保证钢材供应的质量和数量。钢筋市场存在不规范行为，有的中小型钢厂更多依靠调坯轧材和突破国标下差的灵活性，才能在市场中生存，也带来了产品性能的不稳定性，甚至一定数量的不合格品。集中采购供应从大钢厂直接订货，终身负责，可追溯，质量有保证。另一方面，虽然市场化运作，但物流公司的操作过程规范、透明公开，克服许多个人因素，保证了企业及项目人员的廉洁从业。

2. 物流公司实现了新突破和新发展

随着集中采购规模的逐步做大和经营水平的不断提高，物流公司在同行业的影响力在不断增加，市场地位在不断提升。2009年7月下旬，钢材市场价格不断上涨，物流公司库存达2万吨，在同行业中排名第一。对市场价格变动的准确判断，对市场机会的准确把握，以及所拥有的充足库存，极大提升物流公司在北京钢材市场的地位和影响力。

（三）存在问题

1．内部市场的规范需进一步加强

到期货款需及时支付，内部管理制度需有效执行。一方面，集中供应必须通过资金及时如约回收，才能实现合理利润。另一方面，只有严肃、有效地执行资金统一结算支付政策，才能真正使采购成本降低落到实处。

2．风险防控要进一步加强

随着公司经营规模的扩大，订货量及库存的保有量增加，因钢材市场价格波动较大，加大了库存的减值风险，也意味着加大了企业的经营风险。2009年初钢材期货的推出使规避钢材市场价格的风险成为可能。利用期货交易的保证金制度，一方面可取得放大资金，提高资金使用效率的效果，有效缓解资金紧缺的难题；另一方面通过对库存商品的保值，可锁定库存成本，有效降低市场价格变动给企业带来的经营风险。

四、新形势下物资集中采购工作的发展思路

（一）扩大集采覆盖面，打造全国物资集中采购网络

2010年，一局集团钢材集中采购将以在区域公司建立物资集中采购平台为发展契机，在做好北京、天津、河北、内蒙古等地区钢材供应的同时，逐步规范、完善西南、东北、华东等地区的钢材集中采购运作模式和流程，设立区域物资集中采购中心，搭建遍布全国的物资集中采购网络。

（二）拓展物资集采种类，拓宽经营思路争取效益最大化

水泥经营较钢材贸易在操作程序上较简单，且资金占用率和单次利润率都高于钢材贸易，是物流公司拓展经营的一个非常重要的方向。2010年一局物流公司将探索以散装水泥供应来降低项目商品混凝土成本的有效渠道，通过延伸服务来支持总公司和一局的集中采购工作。

4 项目管理目标责任制的实践与思考

中国建筑第三工程局有限公司

当今，快速发展的大型建筑施工企业或许都面临着两个同样的难题，一是企业规模迅速扩张，可直接利用的资源越来越有限，似乎已经遇到了发展的"瓶颈"；二是市场竞争更加激烈，合同条件更加苛刻，履约风险越来越大，利润空间越来越小，企业发展受到严重挑战。经过总结以往项目管理经验教训，我们认为，将企业有限资源集中整合，实现企业管理结构扁平化，将项目管理责任分解到企业和项目两个层次，实现"法人管项目"，有利于破解企业发展难题，有利于化解工程履约风险。

一、项目管理目标责任制的形成过程

从1987年学习"鲁布革经验"，改变施工生产管理模式以来，三局推行项目管理目标责任制大体经历了四个阶段：

● 第一阶段：起步阶段。从20世纪80年代末到90年代初，对传统的施工管理体制进行了改革，将"大搬家"式的施工队生产管理模式改变为以栋号为单位进行内部经济核算、栋号长承担经济责任、自主分配的施工管理模式，这种划小经济核算范围，带有个体承包性质的生产模式，在当时条件下，对打破"大锅饭"，推行经济责任制，激发职工个人能动性起到了一定的作用。

● 第二阶段：发展阶段。20世纪90年代中期，开始推行项目经理负责制，但相应的授权体系不够健全，项目经理对生产资料有较大的支配权，加上缺乏有效监督机制，项目整体盈利能力不强，甚至出现亏损项目，"包赢不包亏"的现象引起了我们的反思。这时，一公司对项目经理负责制深度改革，建立了项目绩效考核评估机制，以签订项目经济承包合同的形式，明确企业与项目双方的责权利关系，并首先在珠海试点取得了成功。

● 第三阶段：规范阶段。2002年出台了《项目管理手册》，规范项目管理行为。至2005年，随着"三集中"工作的全面推开，生产要素集中掌控在法人层面，我们对项目管理职责和权限又一次作了较大调整，项目经理部按照"标价分离、CI形象、过程控制"的原则主要负责"围墙内"工作，必须承担责任范围内的管理风险和技术风险，但不承担企业投标风险和市场风险。特别注意企业各职能部门在项目实施过程中的服务与保障作用，将过去的项目全额经济承包制逐步过渡到覆盖企业与项目两个层级的项目管理目标责任制。

● 第四阶段：精细化管理阶段。2008年以来，在提炼各单位成熟经验的基础上，对项目目标责任制作了进一步深化，出台了《关于推行项目精细化管理，推进生产降本增效工作的决定》，提出了包括商务策划、履约管理、材料设备管理、劳务管理、技术管理、安全管理、中间成本核算与工程结算、项目考核与兑现等"八个方面的管理精细化"要求。

二、推行项目管理目标责任制的思路与实践

推行项目管理目标责任制的前提是要理顺企业层与项目经理部的关系。中建总公司《工程项目管理规范》对两者关系的界定是：企业是项目管理的决策中心，项目经理部是项目管理执行中心；企业应为项目经理部提供有效的支持和服务，项目经理部应接受企业的监督和考核。这种对两

者关系的描述，实际上是对两者的准确定位。这种定位符合现代项目管理发展趋势，真正把项目管理看成了一个系统工程，而不是把项目实施孤立地理解成是项目经理一个人或项目团队几个人的事。基于这种认识，三局按照"四结合、四体现"的思路来推行项目管理目标责任制。

（一）体系建设与分级授权相结合，体现项目系统管理的原则。

体系完备程度和授权清晰程度如何，直接影响项目目标责任制的实施效果。我们按照系统化原则对项目管理目标责任制进行了一次梳理。首先是加强体系建设，我们明确了法人层次（局—公司—分公司）和项目层次的项目管理职责。其中，法人层次的职责是：制定项目管理的方针和发展目标，规范项目目标责任的确定原则和方式，将项目管理目标分解到企业相关职能部门和项目，并与部门签订目标责任书（或年度工作责任状），与项目经理签订项目管理目标责任书，从资源和管理上为项目经理部提供有效的服务和支持，监督和管理项目经理部目标实施状况，对项目经理部管理目标完成情况进行过程考核与奖罚兑现。项目经理部的职责是参与项目管理目标的制订，并与公司（分公司）签订项目管理目标责任书，通过建立相应的组织、职责、资源、方法，保证项目目标的实现，自觉接受企业职能部门的监督与考核。二是建章立制。在着力落实《项目管理手册》的基础上，根据不同时期的需要，不断补充完善新的制度，如近年制定的《项目策划管理办法》、《科技创效奖励办法》等。三是明确授权。对项目经理部的授权有：项目投标与签约的参与权和知情权、在授权范围内与业主及其他有关单位进行业务洽商并签署有关文件、对项目各项生产资源进行组合与调配、提出奖惩建议等。合同签订以及合同重大变更等管理权限由企业层决策，但项目经理部可提出建议方案。

（二）项目管理策划与项目管理责任目标的确定相结合，体现项目管理目标一致性原则。针对市场经营与现场管理往往脱节、投标报价与项目成本差距较大的问题，提出了将项目策划前移至投标阶段，要求做到：

项目策划与工程投标同步；项目成本目标的确定与工程报价同步；项目责任目标的分解与项目责任书的签订同步；项目目标考核与兑现同步。这样企业最初的项目预期目标与项目实施目标相结合，达到目标前后一致、相互吻合的效果。

（三）资源保障与过程控制相结合，体现"法人管项目"的原则。在项目管理目标责任书签订后，企业对项目的管理职责并没有终止，项目也不能脱离企业的监控，否则就走上了企业"以包代管"和项目"以包抗管"的老路。掌握生产要素支配权的企业层次，一切工作应必须服务于项目责任目标的实现。从某种意义上说，企业的支持与服务力度决定了项目目标的运行质量。对此，我们在坚持实行"三集中"的同时，明确公司、分公司层级的职能部门对项目管理的责任，为项目部提供资源保障与服务，并将部门的绩效考核与项目管理成果挂钩。

企业在对项目经理部提供支持与服务的同时，必须加强项目过程的管控，保障企业的投入能够得到合理的回报。我们以控制采购成本和实物消耗成本为主线，建立项目成本预警机制，规定项目经理部必须按月（或按节点）对工程成本进行核算与分析，编制成本报表并召开成本分析会，各公司及其分支机构必须每月对项目成本报表进行审核、统计、分析。对于出现亏损或存在潜亏的项目，除密切监控发展趋势外，必须采取强有力的措施，达到扭亏增盈或减亏的目的。对竣工项目出现亏损的，按照"四不放过"的原则处理：亏损原因未查清不放过，亏损责任未分清、亏损责任人未受到处罚不放过，亏损教训未总结不放过，未采取措施避免类似亏损的发生不放过。

（四）项目责任目标考核兑现与项目团队文化建设相结合，体现企业可持续发展的原则。项目经理部是一次性组织，企业是固定的责任主体。为促使项目经理部将完成项目管理责任的近期目标与企业发展的长期目标结合在一起，我们采取了"三坚持"措施：一是坚持"德能勤绩"的用人标准，为项目选派与工程特点相适应的项目经理和项目管理团队；

二是坚持经济效益与综合效益并重的考核标准，鼓励项目"五出"：出效益、出品牌、出经验、出人才、出科技成果，用高标准要求项目为企业增强发展后劲；三是坚持风险抵押与及时兑现，提倡"高风险、高抵押、高回报"。

三、推行项目管理目标责任制的几点体会与思考

虽然三局在推行项目管理目标责任制方面作了一些探讨，也取得了一些成效，但仍然有许多需要继续完善的地方。

● 一是要注重目标责任制的系统性。项目目标责任制是以成本控制为主的一项系统工作，需要企业各层级和全员的参与，共同实现项目管理目标。我们认为，企业层面至少要做到"三明确"，即：明确划分各相关职能部门在项目自承接到竣工结算全过程中的成本管理和生产资源供应等职责范围，避免出现管理重叠或管理缺位情况；明确项目经理部成本责任范围以及相应的责权利；明确涵盖全员、全过程和全方位的成本职责。

● 二是要注重目标责任制的严肃性。目标责任书一经确定，不应随意调整，但在项目实施过程中，确因合同或设计变更，外部环境发生重大变化，导致项目责任范围随之改变等情况下，应按照有关的程序和标准调整。

● 三是要注重制定项目管理责任目标的合理性。企业与项目签订目标责任书对于双方来说都存在一定的风险。我们认为，应按照"标价分离"的原则合理划分企业经营与项目管理两个层次的责任界限，一般，项目部不承担经营风险和市场风险，但有责任和义务帮助企业化解这些风险。只有合理的责任划分与合理的责任目标，目标责任制才有可能得到有效实施。

● 四是要注重目标责任书签订的及时性。项目目标责任制应贯穿于

从工程开工到竣工结算全过程，及早签订目标责任书，让企业职能部门和项目经理部尽快进入角色，有利于项目管理工作的正常展开。如果在项目开工后迟迟不与项目部签订责任书，企业对项目缺乏考核依据，导致项目责任不清、目标不明，将会造成管理缺失，即使以后补签也会影响责任书的约束效力。因此，企业层面应根据不同工程规模，明确一个责任书签订的时限。

5 集中采购 降本增效

—— 中建八局集中采购的探索与实践

中国建筑第八工程局有限公司

集中采购是将有限的、分散的采购资源集合起来，形成一个合力，共同应对市场，以吸引更多的合格供应商（分包商）参与同一标的竞价，通过询价、比价、谈判，取得优惠的待遇，降低采购成本，同时获得一批宝贵的供应商资源。

自2004年以来，八局坚持"劳务、物资、资金三集中"的做法，将采购权提升到法人层次，组织大宗物资设备和分包的集中采购，降低了制造成本，取得了明显的经济效益。

一、物资集中采购管理

近年来坚持大宗物资集中采购与零散物资限价采购的方式，努力实现"物资采购集中化"和"物资管理信息化"。具体做法是：

1. 建立健全物资集中采购管理体系

积极推行物资集中采购管理，加强供应链管理，确保了物资采购的质量，降低了工程成本，保障了物资供应和施工生产的顺利进行。集中采购坚持事前策划、事中控制、事后考核、持续改进的管理方针。物资集中采购遵循"五个原则"，构建"两个平台、五个系统"，实现物资集中采购的信息化。

遵循"五个原则"是：依据计划采购的原则，满足工程质量要求的原则，力求价值（功能/价格）最大化原则，保障生产供应原则，追求综合采购成本最小化原则。

构建"两个平台"是：物资集中采购平台、总部物资价格信息平台。

建成"五个系统"是：供应商信息系统、计划管理系统、价格发布系统、限价系统、余料调剂系统。

2. 积极优选合格分供商，培育战略供应商，为集中采购打好基础

坚持从市场中寻求资深、发现资源，积极优选产品质量有保证、价格较合理、服务质量好的合格分供商，并且着力培育大宗材料采购战略供应商。经过多次调研、反复筛选和认真评价，现在全局各类物资合格供应商已达4923家，较好满足了物资集中采购的需求。

3. 积极做好大宗物资集中采购、大型机械设备集中租赁

各公司结合实际，按公司或区域实施集中采购，集中采购的方式主要以招标采购为主。非集中采购的物资，实行批价或限价采购。购置施工设备实行公司集中采购。大型施工机械设备（塔吊、电梯、混凝土输送泵）租赁实行公司集中招标租赁采购。

4. 结合区域经营状况，实施区域集中采购

实施区域集中采购，建立了"局总部监督指导、办事处集中采购、公司签约、地区事业部协助、项目部参与"的五级管理体系。北京、广州、上海、西安等地区对钢材等大宗材料实施了集中采购管理。

5. 严格物资招投标管理，是集中采购、保证效益的关键环节

在集中采购的具体实施过程中，严格物资集中采购招投标的程序至关重要。各公司或办事处都成立有物资集中采购招议标工作小组，由公司主管领导、物资管理部门主管及相关部门领导组成。工作小组具体负责对物资设备的招议标工作，根据招标规则确定中标单位。全部大宗物资集中采购坚持"公开、公平、公正"的原则，一般在合格供应商中坚

持"低价中标"的原则，从而有效降低了成本，增加了经济效益。

二、分包集中采购

分包集中采购是降低人工费成本的有效手段，通过集中采购以达到分包资源最优、价格最低，从而提高企业经济效益和市场竞争力的目的。

1. 构建和谐的分包关系

用市场经济的观念和以人为本的科学发展观来对待分包集中采购管理工作，与劳务队伍的关系要实现"三个转变"：在观念上由使用的观念转变为合作的观念；在关系上由服从关系转变为合同关系；在利益上由单赢转变为双赢，做到"合法分包，合法用工"，建立稳定和谐的劳务合作关系。

2. 建立健全分包管理制度

近五年制定并下发了《规范劳务基地管理办法》、《工程分包管理办法》、《劳务公司用工管理办法》等18个管理制度文件；同时制订了《合格分包商管理流程》、《分包商选择管理流程》等流程，使分包的集中采购管理达到了规范化、制度化。

3. 开发资源、搭建分包采购平台

根据"三集中"原则，已形成了"局负责分包资源管理，公司负责分包集中采购管理，项目负责分包使用管理"的三级管理体系。

（1）合格分包商管理

根据局劳务管理制度规定，分包商分类管理，分为：合格劳务作业分包商、战略劳务作业分包商；合格专业分包商、战略专业分包商。所有获得注册的分包商每年都必须由局审核发布，建立合格分包商名录，并进行考核评价和奖励。

（2）积极推行劳务基地化管理

建筑劳务基地化管理，是指劳动和建设行政主管部门对当地建筑劳务实施有序化、规范化管理，以建筑劳务企业为载体向总承包企业成建制输出建筑劳务，劳务基地和总包企业对输出的劳务实行共同管理。

近五年来我们先后到四川、重庆、河南、河北、湖南、江西、安徽、山东等劳务输出大省的39个市县考察，建立了18个劳务基地，并对劳务基地实行每年考核，优胜劣汰。

（3）大力引进劳务基地队伍

在劳务基地管理方面，采取请进来，走出去，牵头带队考察队伍等多种方式，推荐引进劳务基地的队伍。每年初组织一届劳务洽谈会，通过劳务用工洽谈会，搭建了交流合作平台，促进了企业间的信息交流，扩大了与各劳务基地的合作范围，加大了双方共同管理的力度，加快了合作步伐。新引进队伍时，优先使用基地推荐的队伍。我们注重做好培养和扶持工作，进行跟踪管理，及时帮助协调解决双方在磨合过程中产生的问题。在平等互惠、精诚合作的基础上，达到了共谋发展、实现双赢的目的。

4. 集中招标分包采购

严格规定施工分包招（议）标管理的权限划分标准及工程劳务及专业分包招标的程序。分包采购权提升到法人层面，由公司负责分包队伍的招标采购，项目部积极参与，并负责办理有关具体业务。招标采购坚持做到"公开、公平、公正"的原则。分包集中招标采购，净化了企业内部施工分包的采购环境，能选择到造价合理，素质较好的分包队伍，为保证质量、工期、安全和现场管理打下了良好基础。

三、对集中采购的进一步思考

任何一种采购形式也都有其局限性，集中采购也不例外，在实行集中采购的过程中还应思考以下几个问题：

● 第一，集中采购要以充裕的资金作保障。

集中采购的难点是资金，没有资金作保障，集中采购难以开展。解决资金问题可以通过"资金集中"的管理手段来解决；同时，也应拓宽融资渠道，通过商业票据来补充资金不足的困难。

● 第二，要做好需用单位与采购中心的协调配合工作。

采购中心与需用单位应签订供需协议，明确各自的责、权、利关系。

● 第三，要抓好基础工作，建立健全各项规章制度和落实责任。

要做到用制度规范采购行为，用制度管人、按制度办事，建立责任追究制。

● 第四，要了解市场信息，确定目标，做好市场预测和调查工作。

要通过多种渠道随时了解市场信息，掌握市场动态，加强与供应商之间的沟通，准确了解商品价格可能出现的变化情况，掌握采购价格的主动权。

● 第五，要搞好计划管理。

计划的科学性、准确性和及时性是采购的前提条件。因此，要高度重视计划编制的严肃性和执行计划的时效性，避免因计划不准造成浪费和不足，影响施工生产的顺利进行。

6 法人管项目原则下的项目管控体系

——中建国际项目管控体系介绍

中建国际建设有限公司

法人管项目的核心内涵就是企业法人通过行之有效的管控措施，确保项目经理部在代表企业履约的过程中完全体现企业法人意志。企业通过实施信息化建设，推行管理流程创新，业务流程再造，理顺公司层面与项目的责权利关系，分级授权，优化配置企业各种资源，直接对项目的人力资源、财务资金、分供方选择等关键要素采取集中式管理，最大限度地利用人力资源、资金、技术、信息、知识，实现项目管理的科学化、智能化、标准化，及时反馈市场和业主的需求，实现高效率、集约化管理。

1. 一个主体（企业法人是管理主体）

企业作为项目管理的唯一法人主体，通过总部的各个职能部门，按照既定的规章制度、标准流程去实现项目的协同运行。项目部在企业法人授权下作为成本中心和履约执行机构。

2. 两个层次（大总部、小项目）

法人管项目的组织架构形式基本体现为：总部与项目两个层次的关系，这种关系可简单、通俗的理解为"大总部、小项目"或"强总部、精项目"。

（1）企业层面的组织机构

企业层面实行均衡矩阵组织结构，在确保项目经理部履约能力的同时，强化总部的资源支持力度和职能监督控制力度；同时，总部职能部门横向深入项目内部，对相应岗位和人员进行统一协调管理。

（2）项目层面的组织机构

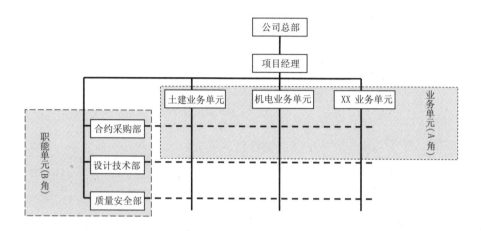

项目经理部实行以成本控制为核心的责任工程师负责制，与该模式相对应的是强矩阵型组织结构。该组织结构与以职能单元划分为基础的职能型项目组织结构不同的是，重点突出业务单元的主体责任，强化了职能单元的支持配合作用。在该组织结构形式下，每一个业务单元就是一个责任主体，它涵盖该业务单元范围内的所有职能，包括技术、分包、物资、成本、进度、质量、安全等全部的管理要素。它的特点在于责任主体明确，管理线条清晰，便于成本和目标的分解和控制，这也就是责任工程师的实质。

3.三个法宝（项目策划、预算成本、目标责任书）

（1）项目策划

在项目投标阶段，由项目牵头人根据业主提供的招标文件及项目背景，同时结合现场实地考察情况，编制投标项目策划。在策划中明确总进度计划、现场管理人员配置方案、分包采购方案、物资采购方案、模板架料配置方案、施工机械配置方案、办公设备配置方案、现场临建方案、现场临水临电方案、主要技术方案、资金计划等。完整优化的投标项目策划是投标报价的基础依据。

项目中标以后进入实施阶段，由于现场的一些实际情况和原来投标时存在差异或者出现了一些新的情况。因此，需要在原来投标阶段项目策划的基础上进一步深化和细化。实施阶段的项目策划是编制项目预算成本的直接依据，也是项目经理部组织实施项目的纲领性文件。

（2）预算成本

在进入项目实施阶段后，由成本控制部门根据实施阶段的项目策划、合同文件、投标文件等资料编制项目预算成本，在编制过程中分析投标报价的盈亏风险，按照实际市场价格测算出合理的项目预算成本。明确区分投标盈亏和项目经营管理盈亏，充分调动项目经理部的积极性，促进项目经理部加强管理。

（3）目标责任书

在编制完成项目策划和预算成本后，公司总部会根据项目的具体状况，结合项目经理及项目团队的工作年限、工作经验等情况，与每个项目签订项目管理目标责任书。通过该责任书明确项目的管理目标，明晰公司对项目经理部的考核依据。通过这种目标责任书，加强了公司对项目在利润率、利润额、现金流量、质量、安全、环保、CI、科技创新等方面的目标考核机制。

利用项目管理的"三大法宝"和相应的项目管理绩效考核制度，充分调动项目经理部的工作积极性和主动性，确保项目完成既定的经营目标。同时，保证项目经理部相关人员在完成既定目标后获得相应的绩效奖励。

4. 四个集中（人力资源、财务资金、物资采购、分包选择）

在协调项目管理所需的资源方面采取"总部集中统一协调"的原则，有力地保证了各项资源要素在公司各个项目的合理配置。主要的管理措施有：

（1）人力资源的集中统一管理

结合项目实施的不同阶段，配置不同的管理人员，管理人员归属于公司的某一人才系列（如技术系列、合约商务系列等），而不是从属于某个项目。这样从公司层面上保证了人员的归属感，比较容易做到管理人员在项目与项目之间，或在项目与总部职能部门之间的合理流动。既保证了公司对人力资源的统一协调和控制，也能够提高人员成长和发展的速度。

（2）资金的集中统一管理

项目的收款通过公司的统一财务账号实施，集中统一管理。在项目付款方面，通过公司的授权管理体系，不同额度由不同层级的管理人员签字付款。在付款流程方面严格审核控制，确保公司业务发展所需的资金流量。这种方式有利于实现企业对资金的合理调配使用，保证企业正常有序运行。

（3）物资的集中统一采购

在物资采购方面，明确哪些物资必须由总部集中统一采购（如钢筋、混凝土、空调机组等大宗物资），哪些由项目自己采购（小额物资或低值易耗品等）。公司对大宗物资的集中统一采购，可以在公司层面上与物资供应商进行价格谈判或建立战略合作伙伴关系，从而拿到具有一定竞争优势的价格。

（4）分包的集中统一选择

通过以往施工项目积累并筛选编制出合格分包商名单，明确哪些分包必须由总部集中统一选择（如结构劳务、机电劳务、装修劳务等），哪些由项目采购（临建分包、保安分包等）。公司对主要分包集中统一选择，可以在公司层面上与分包商谈判价格，或建立战略合作伙伴关系。

5. 五个目标（进度、质量、安全、成本、社会责任）

（1）进度目标

公司项目管理部门根据项目策划中的总进度计划，在项目实施过程中及时了解进度状况，有效地为项目提供支持服务，协助项目一道解决影响工程进度的因素，确保向业主承诺的进度目标如期实现。

（2）质量目标

公司质量管理部门根据项目策划、质量管理计划、创优计划等，在项目实施过程对项目进行监督和支持服务。当项目遇到问题时，由总部的质量管理专家会诊并解决问题，或邀请社会上的专家来共同商量解决问题的办法，确保项目各项质量目标得以实现。

（3）安全目标

在安全管理部门的统一要求下，各施工项目严格按照国家、地方安全管理标准和规范进行现场安全管理。在项目层面强调责任工程师"管生产必须同时管安全"的原则，由安全总监监督和服务，实行全员参与的安全管理模式。

（4）成本目标

项目作为成本中心，在成本控制部门的监督约束下，施工过程严格按既定预算成本各项指标进行过程控制。在施工过程中分阶段进行成本分析，确保成本指标过程可控，并通过相应的技术优化措施努力降低成本，真正实现全程"节流"。

（5）社会责任

中建国际作为企业公民，从成立以来一直注重履行社会赋予的企业责任，各项目在开工前即编制《职业健康和文明施工策划》，按照策划杜绝浪费，控制对环境影响，采取措施减少对施工人员的健康影响，减少扰民与民扰事件，做到平稳施工、绿色施工、和谐施工。

7 工程项目绩效管理体系的设计与实施

中国建筑国际集团有限公司

中国建筑国际集团于1979年开始在香港从事建筑业务，持有五个由政府发出的最高等级的建造执照（C牌），可竞投标额不受限制的公共楼宇建筑、海港工程、道路与渠务、地盘开拓及水务工程。1992年中海集团承建业务与地产业务一起在香港联合交易所主板上市（中国海外发展，股份代号：688）。2005年7月承建业务以中国建筑国际集团有限公司的名义在香港联合交易所主板单独上市（股份代号：3311）。

30年来，经营地域由香港、澳门扩大到内地、阿联酋和印度，形成了港澳、海外、内地和基建投资四大平台。先后承建了逾780项工程，移山填海造地9,500万平方呎，相当约 1/9香港岛面积；建造楼宇面积超过1亿平方呎，其中住宅达8,500万平方呎，可供40万人居住；修建的输水管线供应70%香港饮用水，已经发展成为香港最大的建筑和基建投资企业之一。

一、工程项目管控模式

中国建筑国际集团以香港为总部，所承接的工程项目分布在香港、澳门、中国内地、迪拜、阿布扎比和印度。这种以建筑工程项目总承包管理为基础向建筑工程相关领域跨地域、跨产业发展的业务发展模式为集团总部对建筑工程及相关领域投资基建项目的管控带来了新的管理难题。

中国建筑国际集团通过在香港30多年的不断探索和实践，形成了基于企业法人管理工程项目的企业总部集中管控模式。在香港地区，总部通过各职能部门和工程部门对工程项目直接管理；在香港以外地区，总部通过各职能部门和区域公司对工程项目进行管理。通过"战略管控"来保证各业务单元的战略协同，实现人、财和物的集中管理，香港总部或区域公司对工程项目集中管理主要表现在人力资源配置、财务管理、物资采购和工程分包等项目管理各个环节。集团总部或区域公司负责任命工程项目的主要管理人员，明确其责权利，并对工程项目管理的绩效进行评价。

为了全面加强风险管理，成立了集团风险管控小组，建立健全相应的风险管控体系和制度，加强经营各环节的风险管控。同时，为了强化区域经营的决策，确保业务高效运转，成立集团跨域经营决策小组。

中国建筑国际集团实行分级授权的集中采购办法，坚持"货比三家"、"三堂会审"确定供应商，采取物资采购管理。在香港地区，工程项目大宗材料均由总部物资部集中采购，并按每批采购金额对物资主管部门、分管领导、集团总裁设定不同审批权限，以"三堂会审"形式确定供应商。零星材料则按照"三堂会审"的原则每年确定供应商，地盘按需要直接通知供货。在香港以外地区，根据每批采购金额对区域公司、集团总裁跨域经营决策小组设定不同审批权限，以"三堂会审"形式确定供应商。

二、工程项目绩效管理体系的设计与实施

（一）实施绩效管理的目的

工程项目绩效管理体系是建立在地盘目标经营责任制基础之上的、针对建筑施工企业最基层单位——地盘的一种绩效综合管理方法，内容涵

盖合同签订机制、项目管理与考核机制、兑现机制等，能实现企业对项目有效的监管、考核与激励。按照地盘目标经营责任制的规定，地盘主要管理人员的奖金将直接与地盘利润挂钩，而且与地盘的管理水平相关。

通过实施绩效管理，克服以往在地盘承包责任制实施中存在的诸多不足，企业可以通过地盘目标经营责任制将经营管理指标下达给地盘，并对其实施有效的监管、考核与激励。这种转变意味着从注重结果、紧盯短期利益到兼顾过程控制，达到可持续发展，从倾向"以包代管"的责任制，到高度重视综合管理。

（二）项目绩效管理体系的设计

20世纪90年代中期，面对香港建筑市场激烈而残酷的竞争，为使企业立于不败之地并取得稳步发展，集团全面总结在地盘推行多年的"三定三保"做法。从2000年底，开始实施和推广《地盘承包责任制办法（暂行）》，形成了地盘目标经营责任制的雏形，并逐步完善了项目管理和考核机制。在这个体系设计中，主要考虑了以下几个方面：

1. 建立健全领导机构，确保绩效考核工作的持续性。

中国建筑国际集团设立了专门3MS管理委员会，作为项目绩效管理的专门机构，负责管理和实施集团承建线的预算管理系统、指标管理系统、评价管理系统，由集团领导和各有关部门负责人共同组成，日常机构设在人力资源部。3MS管理委员会是地盘目标经营责任制的解释和最终裁决机构，有关制度的完善和地盘考核兑现等都由3MS管理委员会集体决定。

2. 引入综合考核机制，促使地盘整体均衡推进。

承包制作为一种特殊的经济责任，也存在不少问题，如：承包指标过于单一，绝大部分承包者自身没有充足的资金，实际上是包盈不包亏，亏损最终还得公司来承担。因此，公司关注的不仅仅是当期利润，更关注的是长期盈利能力。有鉴于此，在地盘目标经营责任制的超额利润奖金的计算中，加入了综合管理系数作为调整，在激励系数（即"超额利润系数"）确定的情况下，地盘最后的奖金是由完成的超额利润乘以综合管理系数评分来决定的。综合管理系数评分则包括了进度、合约、质量、科技、财务、物资、安全、环保等各项内容，地盘需要接受公司各相关部门的考核。

3. 尽量准确测定"暂定利润"，及时与地盘签订合约，有效避免公司与地盘陷入讨价还价的争论中。

公司可在地盘合约分判和材料采购已基本完成的时候与地盘签订合约，根据分判、采购的情况和利润预测核定地盘的"暂定利润"。地盘完工并达到兑现条件后，地盘经理提出申请，先由工程部门对利润完成情况进行复审，利用"成本还原法"计算出地盘完成的超额利润，即实际完工利润减去由"公司贡献"而形成的利润，如分判利润、材料采购利润等。

4. 赋予地盘相应权力和自主权，充分调动项目团队的积极性。

首先地盘经理有权向公司提出对项目主要管理人员的建议，由公司安排。项目主要管理人员一般包括地盘经理、地盘副经理、项目经理（地盘代表）、项目工料测量师、地盘总管等。另外，对较大金额的分判和采购，地盘经理有建议权，对较小金额的则有决定权。

5. "有奖有罚"，奖罚分明的原则，体现出地盘经理的责任和义务。

若地盘不能完成核定利润，承包者不会得到任何奖金，并要将储存在公司的风险抵押金全数没收。由于地盘管理不善而出现严重亏损或造成公司重大损失的（如影响投标资格等），公司还将对相关承包责任人采取相应的处分。

（三）项目绩效管理体系的实施情况

1. 实施地盘目标责任制中的关键点

中国建筑国际集团在推行地盘目标经营责任制的过程中，发现"关键点"有三个：一是核定利润（又称"暂定利润"）的确定，二是综合管理系数的确定，三是过程监控和动态管理如何到位和量化。

（1）核定利润（又称"暂定利润"）的确定

所谓"核定利润"，就是在完成工程分判、材料采购，考虑各种合理支出后工程项目理论上已经客观存在的利润，这是地盘目标经营的基数。

（2）综合管理系数的确定

所谓"综合管理系数"就是对地盘管理综合评分汇总后所得分数之综合。在完成基数之后，公司充分与地盘管理层沟通，明确地盘管理层的责任就是完成公司要求的基数。至于奖励部分则只有通过超额完成基数去获取，而且充分体现"企业得大头，个人得小头"的原则，同时突出地盘经理作为第一责任人的奖励力度。

（3）过程监控，动态管理

推行承包责任制之后很容易出现地盘片面追求效益而忽视综合管理的问题，这一问题的解决就需要加强绩效管理体系。我们除了在制度上建立综合管理系数评分办法之外，重点在于季度性的检查评估，从而避免出现推行目标经营责任制后片面追求效益的现象，保障综合管理水平。

2．项目责权利分配

项目责权利分配必须遵循的原则是在责任与权力、奖励与惩罚、制约与激励、授权与监控等方面取得平衡。

（1）地盘的职责

地盘的职责主要是遵守当地政府法律、业主合同和企业工程项目管理的各项规定，如进度、质量、科技、安全、环保、保安和文档管理等。

（2）地盘的权利

地盘的权力主要体现在以下四个方面：

● 一是一定的经营决策权：有参与工程施工方案组织策划的权力和参与分部分项工程分判及挑选分判商的权力；有对进度、质量、安全、环保、保安等的监督指挥权和对进入现场的人、财、物等生产要素的检查验收权、统一调配权和调剂使用权。

● 二是一定的人事、分配自主权：在施工准备阶段，地盘经理对地盘的组织架构有建议权，对人员编制有一定的自主权，对签订责任制集体的成员有选择建议权；在工程进行期间，对地盘代表等高级员工有调动建议权，对当地一般人员有招聘和辞退权，对管理范围以内的人员有内部调配权。在分配上，地盘经理对员工津贴、员工奖金发放和薪金调整有建议权。地盘目标经营责任制合同兑现时，有权制定奖罚分配方案。

● 三是一定材料询价权、采购权及设备租赁权：材料的采购集中由公司物资部统一管理，非经物资部批准，地盘不得擅自采购材料。但对一些特殊和零星材料，在金额不超过规定限额的前提下，地盘可以自行询价和采购。在优先使用公司现有机械设备的前提下，经公司审核批准，地盘享有施工机械设备的租赁权。

● 四是零星分判项目审批权：零星分判项目额度在10万港元之内的，可由地盘经理审批，再报公司主管部门备案即可。

3. 管理与考评

地盘目标经营责任制是有效的绩效管理制度，即将结果导向与过程导向相结合。我们引入了综合管理系数，即地盘最后的奖金是由完成的超额利润乘以综合管理系数评分来决定，具体管理和考评细节包括：

（1）地盘经理须于合约完工期的一半时间之内签订承包合同，逾期公司不再签署。

（2）地盘经理必须于签订地盘承包合同后两个月内，向财务资金部缴纳风险抵押金，风险抵押金的数额根据工程合约额的数额来确定。

（3）综合管理系数计算及汇总

公司对地盘的监督与考评是综合的、全方位的和全过程的，并为此制定了相关的政策、制度和量化指标。综合管理考核包括质量、安全、环保、进度、成本、合约、物资和科技管理，以及业主评价和总经理激励系数等指标。

（4）任何地盘，如因质量、安全、环保、保安等管理不善，发生重大事故或对公司业务拓展造成一定不良影响的事件，则其综合管理系数评分除相应项目评分为0外，综合管理系数总分还将被扣除20分，扣分项目可以累计。

4. 奖罚与兑现

地盘目标经营责任制首先抓住了地盘经营的核心——利润。只有达到核定利润，承包者才能拿到承包基本奖并取回风险抵押金，超额利润奖金则与超额利润成正比。

（1）兑现奖金的条件：工程获得竣工证书；分包商工程款结算达95％以上；工程款收款达95％以上；地盘已做好竣工总结和指定的专项技术总结，并通过工程部和质量技术部的验收；地盘完成档案制作及移交的工作。

（2）申请兑现：地盘经理申请兑现奖金，除需履行程序和提交规定的数据外，还需向3MS委员会提交工程总结评述报告，讲明自己采取的措施，经历的重点和难点、经验及教训等。3MS 委员会根据实际情况和地盘经理的确实表现，审定其应该获得的奖励金额。

（3）奖励办法：地盘完成的最终利润（包括扭亏额）由核定利润和超额利润两部分组成，在3MS委员会考核结束后，除对其超额利润部分按一定比例奖励和全数退还地盘经理风险抵押金外，对于地盘完成的核定利润部分也可给予一定数额的基本奖。

（4）奖金分配：地盘经理可获发不超过上述总数一定比例的奖金，其他人员的分配方案由地盘经理根据相关规定提出建议，报公司3MS管理委员会核准。

（5）惩罚措施：

若地盘不能完成核定利润，便不会得到任何奖金，并要将储存在公司的风险抵押金全数没收。由于地盘管理不善而出现严重亏损或造成公司重大损失的（如影响投标资格等），公司还将对相关承包责任人员采取一定的处分。

对于因地盘经理工作失误造成较大损失，无能力组织项目正常施工，或因其他原因被中途免职的，公司3MS 委员会可以单方面书面解除合约，并决定处理有关地盘经理已缴纳的风险抵押金事宜。

（四）实施绩效管理体系所取得的主要成效

该项目绩效管理体系自创设以来，逐步向公司的港澳、海外、内地三个区域，房屋、土木、基础、机电等四个工程类型下的所有在建项目推行与应用；同时，为公司带来了明显的经济、社会和综合管理效益。

1. 提供了经济效益和企业竞争力。

公司业务连续多年居香港建筑市场占有率排行榜第一名；资本周转率和回报率指标在香港建筑市场名列前茅；累计从事的政府工程占据市场总额的10%左右，在同行中排名第一。

2. 提高了社会效益和企业美誉度。

该项目绩效管理体系的实施提高了项目过程控制的有效性，提升了项目综合管理能力，特别是质量、安全、环保和科技管理能力。

3. 项目绩效管理体系以集成化的功能设计，深层促进着项目管控模式、运作流程、团队建设、激励机制以及公司文化的优化与完善。具体表现在：

在绩效管理体系下的分权机制中，以地盘经理为首的项目管理团队起到了公司前线指挥部的作用，代表公司行使执行责任和部分决策权，向公司负责，降低了公司对项目的管理成本。

制度体系中的超额奖金分配制度调动了地盘经理及团队的积极性，最大限度地争取项目的健康盈利，这种"力争超额利润"的绩效文化不断提高公司的价值观。

4. 项目管理人才培养方面。

该管理体系通过搭舞台、赋责任、压担子，为年轻骨干员工提供了快速成长机制，培育出一大批具有较强专业能力和综合管理素质的管理人员，对公司的人才储备和规模扩展中的核心骨干配置作出了重要贡献。

Chapter

02

第二篇

提升管理能力
追求价值创造

　　以"提升管理能力 追求价值创造"为主题的第二届"中国建筑"项目管理论坛于2011年1月在深圳召开。中建人在20世纪80年代创造了闻名全国的"深圳速度",自此后深圳一直是"中国建筑"的重要战略区域,在刚刚走过30年改革开放历程的深圳召开"中国建筑"项目管理论坛具有重要意义。

　　本届论坛内容丰富,主要围绕总承包管理能力展开。随着工程项目的日益复杂,以及商业竞争强度的不断增加,业主对工期、质量的要求也越来越高,相应地对承包商的履约能力的要求也越来越高;另一方面,随着近年来建筑市场规模的迅猛发展,建筑企业自有资源和经营规模之间的矛盾也越来越凸显,这就要求建筑企业不断提高总承包管理能力,以有效保证项目的履约。本届论坛对总承包模式的发展作了回顾,并提出了总承包管理应该包括的标准化管理、信息化管理、绿色建造、资源组装、设计创效、科技创新、专业管理、项目经理能力等九种能力。

　　本届论坛上正式提出了品质保障、价值创造的理念。品质不仅包括工程本身的品质,也包括管理的品质。"品质保障"的含义是用优秀的管理来保障优质的工程。"品质保障"是"中国建筑"质量观"中国建筑,品质重于泰山;过程精品,服务跨越五洲"的浓缩和升华。"价值创造"是本届论坛一个鲜明的主题,"价值创造"在项目层面意味着不仅要按照合同约定完成工程,还要以"创造价值,合作共享"的理念尽可能地为业主、分包商和供应商等项目的利益相关方创造价值,在企业层面,"价值创造"意味着企业要为国家、社会、投资者、员工、利益相关方等创造价值。从项目管理的角度看，强调价值创造是对传统上单纯以盈利为目的的项目管理理念的一个重大调整，也将带动项目管理机制、项目管理绩效评价等方面的调整。

本届论坛上多家单位围绕总包、履约、品质、价值等几个关键词作了经验交流。中建一局集团建设发展有限公司交流的主题法人直管项目模式是法人管项目理念的一个典型诠释；中建二局上海分公司的"大项目经理部"管理模式，以利益驱动和激励机制为动力提高了项目履约和盈利能力；中建三局倡导"履约就是最大节约"的履约观，以项目策划为抓手，以项目全生命周期管理为主线，突出强调项目工期策划，有效保障了项目履约；中建三局深圳证券项目部以"精心、精细、精品"的理念很好地诠释了"价值创造"；中建五局广东公司交流主题是"诚信赢得尊重，履约筑造品牌"，深入探讨了项目履约的意义和措施；中建六局和中建七局分别阐述了对铁路项目和BT项目的履约；中建八局早在20世纪80年代末就开始对总承包管理进行尝试和探索，他们发展总承包的主要做法具有重要的参考价值；中国建筑国际集团有限公司交流主题的"香港地区工程总承包项目管理特点与实践"，对我国大陆地区工程总承包模式的实施也具有很重要的借鉴意义。

提升管理能力　追求价值创造

——在第二届"中国建筑"项目管理论坛上的致辞

中国建筑工程总公司　董事长　党组书记 易军

2011 年 1 月 6 日

　　今天，第二届"中国建筑"项目管理论坛在深圳隆重开幕，适逢这座城市刚刚走过30年改革开放的光辉历程，而"中国建筑"也将于明年迎来30岁的华诞。"岁月不作响、历史铭辉煌"，深圳特区和"中国建筑"的发展历史，从不同方面、不同视角反映出我国改革开放所取得的伟大成就。

　　1982年，中央决定在国家建工总局的基础上组建成立中国建筑工程总公司，"中国建筑"开始了创业历程。经过近30年的奋发图强、锐意改革，形成了房屋建筑、基础设施、地产投资、勘察设计、海外工程等五大业务板块，发展壮大为我国建筑房地产企业的排头兵和最大的国际承包商。2007年，改制成立了中国建筑股份有限公司，并于2009年7月成功登陆A股市场，创造了有史以来全球建筑及地产行业最大的IPO，实现了企业新的跨越。2010年，"中国建筑"实现了高起点上的新发展，预计新签合同额、实现营业收入同比分别增长74%和37%，再创历史新高；在世界500强企业最新排名中已攀升至第187位；在国务院国资委2009 年度及第二任期中央企业负责人经营业绩考核中，再次荣获2009年和第二任期"双A"荣誉。

"中国建筑"在近30年的发展历程中，与成千上万的特区建设者一起，秉承"拓荒牛"精神，用智慧和汗水，建设了国贸中心、地王大厦、赛格广场、大运会主体育场、深圳机场T3航站楼、深圳证券交易所营运中心等标志性工程，一次次地书写了"深圳速度"。这些工程生动形象地展示了深圳特区改革开放所取得的辉煌成就。在今后的发展中，我们还要深入贯彻落实胡锦涛总书记在深圳经济特区建立30周年庆祝大会上的指示精神，勇于变革、勇于创新，永不僵化、永不停滞。

2011年是"十二五"的开局之年。我们在年初举办本届论坛，并以"提升管理能力，追求价值创造"为主题，体现着"中国建筑"在新的历史阶段，对实现企业科学发展的深入思考。我们在"十二五"规划里明确了发展方向，进一步深化、提升了"一最两跨、科学发展"的战略目标：

"一最"，即成为最具有国际竞争力的建筑地产综合企业集团。其内涵包括三个方面：一是实现智力密集、技术密集、管理密集、资本密集，跨国指数达到30%以上；二是努力成为全球最大的建筑集团和地产集团；三是具备为客户提供一体化服务的综合能力，国内国外一体化、投资建造一体化、设计施工一体化以及房建和土木并举。"两跨"，即在2015年跨入世界500强的前100强，跨入全球建筑地产集团的前三强。

为了实现"一最两跨、科学发展"的战略目标，我们将按照"调结构、转方式、促发展"的要求，坚决推进"专业化、区域化、标准化、信息化、国际化"的"五化"发展策略和"专业化、职业化、国际化"的人才策略。工程项目是我们各项业务发展的基石，还要不断创新管理方式和管理手段，不断创造新的价值。

● 第一，要以项目管理标准化为基础，提高管理效率。近些年，我们的建造水平在国际工程领域已经进入领先行列，上海环球、央视新址、广州西塔等一大批"高、大、新、尖、特"工程，都足以证明这一点。但在项目管理方面，与国际领先的建筑企业相比，还需要进一步完善管理模式和管理体系。在经营规模不断扩大、履约压力越来越大的情况下，深入推行项目管理标准化，提高项目管理效率，是我们应着力抓好的最基础的工作。2010年，我们发布实施了《项目管理手册》，通过系列的宣贯和培训，项目管理标准化已初见成效。今后还要继续修订、完善，并大幅提高项目管理标准化的覆盖范围，使项目管理"高效率履行责任、高品质兑现承诺"的成效更有保障，使项目管理标准化成为"中国建筑"的核心竞争力和引领行业发展的集中体现。

● 第二，要以项目经理职业化为措施，提高项目经理能力。"中国建筑"长期发展的根基在于不断积累的人才优势，特别是项目管理人才优势，目前，我们拥有"全国优秀项目经理"达560人之多。在"十二五"期间，将围绕"专业化、职业化、国际化"人才战略，重点抓好项目经理的职业化，培养200到300名具有高端市场对接能力、高端项目管理能力和国际项目运营能力的项目经理。要对项目经理队伍进行评价分级，形成阶梯形队伍。五星级的金牌项目经理或者说集团总监级的项目经理，是企业集团从事最高品质项目的管理团队，原则上不超过10名，可以享受二级企业正职待遇。他们要作为"中国建筑"的旗手，引领全系统的项目经理向高端迈进，不断提高"中国建筑"在国内外高端市场的竞争能力。

● 第三，要以绩效考核科学化为手段，提高动力和压力。近年来，在强化目标管理和业绩考核中，我们推行了"底线"管理，即对各级企业、工程项目的重要指标设置"底线"，一旦触及"底线"，便要受到惩戒。今后，我们仍将坚持实行这一模式。项目管理绩效考核方面，在强调经济效益的同时，还要注重项目履约的完整性，努力为业主提供优质服务和增值服务，在"十二五"期间，要在品质保障和价值创造上狠下功夫，提高市场美誉度和品牌影响力。要继续强调工程质量、安全生产及绿色工程：我们的质量观"中国建筑，品质重于泰山；过程精品，服务跨越五洲"已深入人心、闻名海内外，我们的安全生产理念"中国建筑，和谐环境为本。生命至上，安全运营第一"，体现了构建和谐企业、珍重生命和追求科学发展的强烈社会责任感，应该像质量观一样深入人心。作为中央骨干企业，切实抓好工程质量和安全生产，是履行党和国家所赋予的责任，为社会创造价值、做出贡献的重要体现。

"天行健，君子以自强不息；地势坤，君子以厚德载物"，这一民族精神与传统，在深圳特区演绎出了耀眼的光彩，在"中国建筑"迸发出了无穷的活力。在"十二五"期间，随着国家经济发展方式转变的不断加速，城镇化建设力度的持续增强，深圳特区的改革开放必将更加生机盎然，"中国建筑"的科学发展必将更加稳健强劲。祝愿深圳特区和"中国建筑"的明天更加美好！

强化总包管理，促进项目履约，努力提高"中国建筑"项目管理价值创造能力

——在第二届"中国建筑"项目管理论坛上的主旨讲话

中国建筑股份有限公司　副总裁 王祥明
2011 年 1 月 6 日

当时间的脚步踏入21世纪的第二个10年，建筑工程的总承包管理也走过漫长的探索历程，逐步迈向了科学发展的全新阶段。本届论坛经过充分研讨，确定了"提升管理能力，追求价值创造"的主题，其目的正是要在标准化管理的基础上逐步将"中国建筑"的项目管理提升到科学管理的全新层面。随着"中国建筑"经营规模的不断扩大，履约能力的提升已经成为现阶段迫切的任务。为此，今天将重点和大家共同探讨总包管理和项目履约。

一、提高总承包管理能力，是项目管理升级的核心

建筑业最古老的工程建设组织模式是所谓的"Master Builder"。在此模式下，一个工匠（Master）负责所有的设计和施工任务。历史上许多伟大的工程都是用这种方式建成的，如意大利的佛罗伦萨大教堂，我国的

郑国渠等。到了欧洲大陆文艺复兴时期，由于科学技术的迅猛发展，工程建设变得复杂起来，这直接导致了设计和建造的分工，Master Builder模式也渐渐失去了它的主导地位。此后，业主先委托设计者设计，然后再与各专业承包商签订施工合同的平行发包模式成了占支配地位的建设组织模式。

伴随着工业革命以来工程本身以及工程建设技术越来越复杂的要求，1870年，英国CIOB的主要创始人之一Cubitts开始提供施工总承包服务，这种施工总承包模式在建筑业一直广泛应用到20世纪60年代之前。而后西方世界的大幅度通货膨胀，使得工程项目的业主面临着越来越大的经济风险和压力，业主越来越关注工程建设的周期和成本，于是一些新的工程建设组织模式，如工程总承包（设计加施工、EPC）、管理承包（MC）得到了快速发展。

我国建筑业的市场化出现在改革开放之后的20世纪80年代中期。建筑业作为城市经济改革的先锋，引进了招标投标制、工程承包制、建设监理制以及项目法施工等。1984年9月国务院印发的《关于改革建筑业和基本建设管理体制若干问题的暂行规定》提出了"工程承包公司"的概念，"工程承包公司"可以承担从前期到设计、施工全过程的任务。1998年开始实施的《中华人民共和国建筑法》明确提倡工程总承包。2003年建设部出台了《关于培育发展工程总承包和工程项目管理企业的指导意见》，进一步明确了推动工程总承包模式的意见。但是由于种种原因，我国的施工承包模式还没有发展成真正的施工总承包，工程总承包的发展更是差强人意。

随着工程项目和建设技术日益的复杂化，工程的实施也越来越专业化，大量的专业承包商出现在工程建设中，工程建设的组织也越来越复杂，业主需要直接面对众多的专业承包商和设计单位，对专业承包商和设计单位的管理、协调变得十分困难。因此，业主需要有一个有经验和能力的组织，对众多的分包商进行管理和协调。

从西方发达国家的行业实践来看，业主解决这个问题采取了两种路径：

● 第一种路径是"总包管理"，又可分成三种模式：第一种模式是业主将各分包纳入总包的承包范围，由总承包商进行统一管理，这就是施工总承包模式；第二种模式是把设计、采购也纳入到总包的范围，这就是工程总承包模式；第三种模式是将各分包纳入总包的范围，由总承包商对工程全面负责，但是总承包商并不从事具体的施工，具体的施工任务基本上都由各专业分包商完成，总承包商的职责就是对各个分包进行组织、管理和协调，这就是管理承包模式（Management Contracting，简称 MC）。

● 第二种路径是"专业管理"。业主委托专业的工程项目管理企业，如专业的咨询公司、管理公司、事务所等，代表业主对所有参建单位和工程建设进行管理和协调，这就是专业的项目管理（Professional Construction Management，简称PCM）。此种情况下，项目管理企业向业主承担着管理责任，各个承包商仍要对所承包的工程向业主承担直接责任。

在我国改革开放之后，建筑业一直在引进、吸收西方国家先进的管理模式和经验。在总包管理方面，引进了施工总承包和工程总承包，在专业管理方面，也先后引进了建设监理制和项目管理制。从20多年来的行业实践来看，我国的总承包模式和专业项目管理的发展都不尽如人意，没有达到制度设计的初衷，走调、变形的现象较为严重，和西方发达国家还有着很大的差距。

我们总承包企业现在施工的绝大部分工程都只是最危险、最繁重的建筑物的主体结构，而占工程造价比例达2/3甚至3/4的通风空调、强电、弱电、给排水、消防、装修、智能系统等专业工程通常是由业主独立发包，总承包商要面对大量的指定分包商和业主的直接发包单位，而且往往要和业主签订总包管理协议，并对整个工程承担管理责任，实际上这种模式本质上就是平行发包模式，而不是真正的施工总承包。

我国建筑业生产力的快速发展，超高层建筑、大体量项目、复杂项目日益增多，工种越分越细，专业分包队伍越来越多，对项目管理的要求越来越高，建筑生产的组织模式、管理方式也必定要不断地调整和升级。我国建筑业从工程主体承包（平行发包模式）向真正的施工总承包、工程总承包等模式发展已成为必然趋势，相应地，我们的项目管理方式也必须跟上发展的步伐。

随着我国建筑市场化程度的日益提高，业主行为也日益规范和理性。近年来，一些高端工程的业主（包括房地产开发商和政府机构）对总承包的需求逐步提高，承包范围不再局限于主体结构、粗装修等内容，而是扩展为主体结构、机电安装、精装修、幕墙等等内容，有的业主将施工图设计，甚至工程设备采购等内容也纳入总包的范围。近年来，"中国建筑"在市场营销中成功地实施了"三大"战略，高端项目快速增加，这些项目普遍要求我们实行总承包管理。未来一段时期，随着社会、经济、技术的迅猛发展，总承包的发展进程也必将加速。为此，作为始终走在中国建筑行业前列的"中国建筑"，必须要做到：

● 第一是适应环境，保障项目履约。虽然当前我国建筑市场上采用真正意义上的总承包模式的项目不多，但是业主一般把对整个现场的管理责任交给总包企业，这可以认为是一种"准总承包"模式。由于建筑市场是典型的买方市场，市场竞争异常激烈，大多数情况下，总包企业不得不接受这些不公平的条件。但是，我们要清楚，这种"不公平"对所有的建筑企业都是一样的，建筑企业之间并没有不公平，市场法则就是"适者生存"，如果不能适应这种环境，管不好现场，那么就难以顺利履约，企业就不能生存和发展。

● 第二是着眼未来，保证市场优势。随着行业的发展和业主行为的逐渐规范，真正的总承包模式必将得到越来越多的应用。企业经营必须立足长远，我们的目标是基业长青，所以必须用发展的眼光来研究将来的市场，未雨绸缪，做好充分的准备，这样才能在将来的竞争中继续保持优势，进一步扩大市场份额。

● 第三是占领高端，保持行业地位。如前面所讲，业主解决组织、管理、协调分包单位的问题有总包管理和专业管理两种路径，2003年建设部出台的《关于培育发展工程总承包和工程项目管理企业的指导意见》也明确地指出了这两种路径。作为施工企业，如果我们不能在总承包管理上占据绝对优势，那么逐步发展起来的"工程项目管理企业"有一天就可能与我们激烈竞争，严重地削弱我们的行业地位。因此，我们必须抢占先机，积极探索研讨落实，逐步形成具有中建特色的、高水平的、科学高效的总承包管理模式。

二、项目履约是企业赖以生存和发展的根本

履约就是指合同当事人全面履行合同中约定的责任和义务。对于我们建筑企业来讲，经营活动中要签署总包合同、分包合同、采购合同等等众多的合同，这些合同都需要我们全面履行。另外，为了激励和约束项目经理部的行为，企业层面还要和项目经理部签署目标责任书，约定工程成本、工期、创奖及企业内部管理等目标，这个目标责任书可以看作是一个内部合同，也存在着履约的问题。我们今天谈的履约则主要是指对业主的承包合同的履约，即按照承包合同，全面履行工程质量、工期、安全生产等方面的约定。

虽然我们的履约情况总体良好，但是必须清醒地看到：当前全系统的项目履约压力越来越大，履约风险不断增高，一些项目的履约情况不甚理想，个别项目甚至出现了业主屡屡投诉的情况。履约问题的产生有内外两个方面的原因：

从内部看，近几年我们的经营规模迅速扩张，但是我们的自有资源，尤其是人力资源并没有相应规模的增长。此外，随着我们"大项目"战略的实施，所承接项目的规模和复杂程度也日益增加，大项目专业众多、分包情况复杂，总包管理的难度巨大。

从外部看，随着市场竞争压力的不断增大，一些业主，尤其是商业业主，将许多经营风险转嫁给总承包企业，如普遍实行低价中标、大额的履约保证金等，加大了总承包企业项目履约的风险。有的业主违反客观规律，随意压缩工期，图纸变更频繁，不切实际地要求确保"鲁班奖"等奖项，还有的业主任意肢解工程，大量指定分包，导致工程无法顺利实施。

工程项目是企业经营管理的基本单元，无论是开发项目、承建项目，我们建筑企业的最终产品就是每一个工程项目。因此，每一个项目的履约都直接关系企业的生存和发展，履约的质量，直接反映了企业的项目管理能力和水平，直接影响到企业品牌和市场信誉，一个好的项目履约将会带来更多更大的市场份额，将会为企业创造更多更大的经营价值。深圳证券交易所运营中心项目就是以"精心、精细、精品"为核心理念，通过优秀的履约而赢得了业主的信任，创造了良好的经营和管理成果。

三、强化总包能力建设，提升项目履约水平，实现价值创造

项目管理活动是在限定条件下的优化求解过程。因此，在既有的约束条件下，为了提高项目履约能力和履约水平，我们的当务之急是进一步优化要素的投入方式，提高存量资源的利用效率，提升我们的总包管理能力。

总承包管理在时间上涵盖了从项目开工至竣工的全过程，在范围上涵盖了参与工程建设的各分包商，其根本任务是对专业众多、工序复杂的工程项目统一组织、统一管理、统一协调，实现各个专业的紧密衔接，使工程质量、安全、进度得以有效控制，最终为业主提供满意的产品。总承包管理要站在总承包而不仅仅是土建工程承包的高度，统揽全局，统一指挥。在"十二五"期间，我们将重点通过九种能力的提高，强化总包管理，促进项目履约，增强"中国建筑"的项目管理价值创造能力。

1. 强化过程管理，提高标准化项目管理能力。

项目管理标准化是把项目管理中的成功经验和做法，通过制定成标准并付诸实施，实现从人为管理到制度管理的转化。在第一届项目管理论坛上，我们颁布了《项目管理手册》(下简称《手册》)，目的就是要实现项目管理标准化，使法人层面对各工程项目实行集中统一的管理。《手册》为项目管理建立了"全过程管理表"，实现了对项目从启动一直到项目部撤销的全过程动态管理，使企业能准确、及时地掌握各工程项目的资金、成本、进度、质量、安全、环保等情况，降低企业的项目管理风险。

一年来，我们积极贯彻"标准化"战略，全面组织《手册》的宣贯、培训、检查、落实及考核工作。系统内各单位都十分重视《手册》的宣贯，总计参加培训人数约为3万人。在执行《手册》时，均能结合企业本身的制度，适时分解或调整项目管理的相关制度，使企业对项目的管控能力有了不同程度的增强。如七局三公司按《手册》要求并结合企业的实际，详细分解了企业职能部门应担负的项目管理职责，有效促进了所有项目的标准化管控；三局以《手册》为基础编制了《项目管理实施手册》，促进了《手册》在全局范围的有效执行。

我们在"十二五"规划中已经充分明确了"标准化"管理的战略地位。因此，在未来的项目实施过程中，要从项目策划开始，严格按照"11233"的具体内容，进一步强化项目的过程管控。在企业层面，将进一步加强《手册》的宣贯、执行、检查及考核，确实提高标准化项目管理能力。

2. 强化项目智能化管理，提高信息化项目管理能力。

"十二五"战略规划中另一项重要内容是"信息化"管理。项目信息化管理不仅能有效帮助企业实现零距离、全方位、公开透明、智能化的管理，大幅提高企业管理效率，实现项目管理的规范化、标准化、精细化，而且能有效地实现信息资源共享。我们现在已经有很多项目实现了远程监控，在企业总部即可随时实时了解项目的施工进度，达到了智能化的层次。为了新特级资质就位，股份公司及下属很多企业都正在建设"工程项目综合管理信息系统"，希望这个系统既能满足住房和城乡建设部的有关要求，在项目管理中真正发挥积极作用。

3. 强化项目经理职业化建设，提高项目经理管理能力。

建筑企业的发展方向是智力密集、技术密集和管理密集，智力、技术和管理归根结底必须以人为载体。在项目管理团队中，项目经理处于核心地位，项目经营的成败，很大程度上取决于项目经理的组织能力、管理能力、沟通能力和协调能力。加快项目经理队伍建设，打造一支素质优良、结构合理、专业配套，具有较高项目建造和总承包管理水平的职业化项目经理人才队伍，即是我们实施人才强企战略的重要工作内容，也是有效提升企业项目管理整体水平、始终保持"中国建筑"在行业中的主导地位和领先优势的重要保证。

"十二五"期间，我们将以培养造就高素质职业化项目经理人才为目标，重点培养打造一支能够引领行业进步、代表行业项目建造先进水平的职业化项目经理人才队伍。一是实施项目经理资质评估认证计划。在国家执业资格基础上，建立项目经理职级序列，畅通项目经理职业通道，拓展项目经理职业发展空间。二是完善项目经理选拔考核机制。建立项目经理业绩档案和诚信记录，实行业绩积分晋级制度。强化项目经济责任目标管理，对履约良好和贡献较大的项目经理加大激励力度，对未能完成责任目标的人员及时给予红、黄牌警告，或是降级、退出处理。三是系统开展各级次项目经理职业培训，不断提高项目经理的职业素养和业务能力，注重以各类在施的超高层、大跨度、具有国内外领先水平的项目为载体，进一步培养项目经理的高端项目管理能力和国际项目运营管理能力。四是建立项目经理后备队伍，加强项目经理后备人才的培训，实现职业化项目经理人才的梯队化发展。

4. 强化"四节一环保"，提高绿色建造能力。

绿色建造是在全社会倡导"可持续发展"、"循环经济"和"低碳经济"等大背景下提出的一种新型建造理念，要求所有参与者积极承担社会责任，在建筑工程设计、施工和维修的全过程中，综合考虑环境影响和资源利用效率，追求各项活动的资源投入减量化、资源利用高效化、废弃物排放最小化。

绿色建造正是基于建造过程"四节一环保"的总体目标，建立起建造过程环境影响指标评价体系；对现有施工技术进行绿色化改造，研发新型绿色建造技术；探索适于推行绿色建造的管理体系，研究推行绿色建造的政策需求。在上述工作的基础上，形成完整的绿色建造理论体系。

5. 强化总包协调，提高专业管理能力。

专业管理能力包含两个层面的内容，一是集团层面总包企业与专业公司的横向联动能力；二是项目层面总包单位对专业分包单位的协调管控能力。

我们的"专业化"战略已经在"十一五"期间取得了显著的成果，成立了各专业化公司，这些专业化公司也已经逐步在各自的专业领域达到了领先地位，并且在市场营销过程中已形成了总包企业与专业公司互为支持、互为补充、互相提高、互相带动的态势，总包企业与专业公司横向联动能力的提高，全面提升了"中国建筑"的综合竞争实力，进一步确立了国内建筑行业的领先地位。

在项目层面，总承包管理最重要的任务之一就是把各个分包商组织起来，进行统一的协调和控制。大型工程项目中，往往有几个、十几个，甚至几十个分包商来承担专业工程，这些专业分包商之间是平行的，没有合同关系和管理关系。如果没有总包强有力的组织协调，各个分包商各行其是，项目将无法顺利进行。

做好总承包项目的组织工作，重要的是建立和运行总承包管理体系。对于整个工程的施工过程而言，总承包方应将所有分包单位纳入其统一的总承包管理体系，进行统一组织、统一安排、统一协调、统一配合，处理好外围环境和内部施工条件关系，将各个分包单位之间的交叉影响减至最小，从而实现施工现场各种生产要素科学、有效的结合。在总承包管理体系建设方面，我们积极探索。比如八局在2005年即编制了《总承包管理实施手册》，三局在最新制订的《项目管理实施手册》中规定大项目要建立总承包项目经理部，并明确规定将自行施工的土建工程视作分包工程，与其他分包工程进行平行管理。

6. 强化社会协作管理，提高资源组装能力。

我们常讲"总部控制，授权管理、专业保障、社会协作"，社会协作队伍是我们总承包企业的重要资源。我们的总承包管理能力不仅体现在自有资源的多少，更重要的是体现在组装、整合社会资源的能力。培育、发展长期合作的劳务分包、专业分包队伍是做好项目的重要保证。我们必须认真研究我们的产业链和价值链，规划、建立包括专业分包、劳务分包、材料设备供应商等在内的资源库，做到"保障供应、合作共赢"。

用好劳务资源、管好劳务队伍是做好总包管理、保障项目履约的重要前提。在劳动力日益短缺的情况下，我们必须用发展的眼光，调整管理思路、创新管理模式，做好劳务管理工作。首先，要巩固和发展现有劳务队伍的合作关系，与讲诚信、有实力的分包队伍建立"共赢"的伙伴关系，确保高素质劳务来源。其次，要积极探索劳务组织模式：一是要探索"劳务班组制"，目前许多劳务企业对班组的掌控力度不强、管理弱化，不能保证总包企业的要求，总包企业直接管理班组的模式可以裁短管理链条、节约管理成本、提高管理效率，在有效防范风险的前提下，有条件的企业可以尝试"劳务班组制"。二是要探索组建劳务公司，目前有的工程局和号码公司已经组建了自己的劳务公司，自有劳务公司可以起到稳定劳务队伍、平抑劳务价格、突击施工等作用。最后，劳务基地是培育、储备优秀劳务队伍资源，减少劳务纠纷，保障劳动力稳定供应的重要措施，今后要进一步加强劳务基地建设工作。

7. 强化项目设计管理，提高设计创效能力。

这里讲的设计包括施工图设计、深化设计、优化设计、施工组织设计等内容。设计优化、施工组织设计优化已经成为总承包商和专业分包商提高经济效益的有效途径，也是加快施工进度、保证工程质量的重要手段。

设计能力还包括设计管理能力，对设计的管理能力已经成为考量总承包商能力主要内容之一。分包工程中，复杂的机电工程、高标准的装修工程、新颖的幕墙工程等大多都包括了施工图设计。总承包企业必须具有设计管理能力才能有效地管理分包。对于工程总承包项目，整个工程的施工图设计，甚至是初步设计都在总承包范围之内，如果不具备设计管理能力，项目履约就会面临巨大的风险。

8. 强化实用技术研究，提高科技创新能力。

科学技术是第一生产力，技术创新是提高生产效率和管理效率的重要途径。多年来，"中国建筑"十分重视建筑领域实用技术的研究，在超高层建筑、深基坑支护、高强度、大体积混凝土浇筑、泵送技术等多个方面，均形成了具有自主知识产权的专利或专有技术，有效提升了企业综合竞争实力。为了更好地实施总承包管理，我们必须进一步注重技术创新，依靠领先技术拓展市场。

9. 强化理性营销，提高风险控制能力。

市场营销与项目管理是相辅相成、密不可分的，卓有成效的市场营销会为项目的良好履约打下坚实的基础，而不顾自身管理能力高低、不顾项目条件好坏、盲目以扩大经营规模为目的市场营销则会给项目履约带来巨大的先天隐患。

化解项目履约风险必须从源头抓起，一定要在"大市场、大业主、大项目"的战略下，始终秉承"主攻高端、兼顾中端、放弃低端"的原则，坚持理性经营，做到有所为、有所不为，在投标阶段即对项目的各方面情况进行全面分析、科学论证，对项目可能遇到的风险进行事前评估；在合同谈判的过程中，在满足业主真实需求的前提下，尽可能化解项目实施的风险。

以上九个方面是提高总包管理能力的重要途径，这里只是提出大的思路，具体的措施请大家在论坛上详细讨论，也留给各单位在今后的工作中深入研究。

项目履约是企业生存发展的基础，总包管理是实现项目履约的必然途径，让我们站在新的起点、新的高度，积极探索，不懈追求，努力增强项目管理价值创造能力，共创"中国建筑"的美好明天！

3 加强能力建设　推进总承包管理水平再上新台阶

——在第二届"中国建筑"项目管理论坛上的发言

中国建筑第四工程局有限公司　董事长　叶浩文

　　作为一名长期从事项目管理工作的实践者，就提升项目总承包管理能力与大家共同探讨以下三个方面的问题。第一个方面，树立两个理念。谈一谈作为总承包企业应该具备什么样的意识、理念和素质，解决好这个问题，是我们进一步做好总承包管理工作的前提和条件。第二个方面，培育四个能力。谈一谈总承包管理的能力建设。总承包管理是"法人管项目"的深入发展，呈现出新的发展特点和趋势，尤其是对企业层面的管理提出了新的要求。第三个方面，抓好六个管理。总承包管理源于项目管理，又高于普通的项目管理。作为施工企业，项目管理是我们的基本功，总承包的各项工作就是在练好这个基本功的情况下更上一层楼，我们要善于从项目管理的共性中找到总承包管理的个性和特色，进一步找准关键点、着力点。

一、牢固树立总承包管理的两个理念和意识

　　总承包的理念和意识意味着什么？用两个词来描述，一是合作共赢，二是管理服务。合作共赢是总承包管理的基本法则。打个比方说，一个

总承包项目，就是一个完整的经济生态圈。在这个生态圈里，业主、设计、监理、总承包商、分包商、供应商各就其位，总包与分包之间是合作关系。但是，由于各自的利益驱动又存在冲突。这个生态圈绝不是大鱼吃小鱼的生物链，更不是物竞天择的自然法则演变，而是有制度、讲规则，共同发展、互为依靠、相得益彰的利益共同体。总承包商必须统筹协调、兼顾公平，必须有着合作的理念、共赢的胸襟和情怀。管理服务是总承包管理的精髓，服务就是最好的管理，甚至可以说服务高于管理！"管"是总承包的责任，"理"是总承包的能力和途径。科学发展观视角下的管理要先"理"后"管"，多"理"少"管"，又"理"又"管"，重点在"理"。心态决定成败，用合作的眼光、用服务的心态来做总承包工作，往往达到事半功倍的效果。

（一）从企业层面来说，要有举重若轻的境界

我们实行的是"法人管项目"，企业层面集人、财、物大权于一身，是总承包管理的龙头和灵魂。企业层面讲总承包管理的举重若轻，体现的是总承包企业的综合实力和思想境界，不讲诚信，不守规矩，单纯追求一股独大，就不可能做好总承包管理。具体来讲，必须遵循五个原则：

1."公正"原则。

公正是前提。在总承包管理中，无论是在选择材料、分包商，还是在施工管理过程中面对的各种问题，都要以业主利益、工程利益为重，以确保整个工程顺利进行。

2."科学"原则。

科学是基础。在总承包管理中，所涉及的环节多、方面广，相当一部分管理工作不能够直接预期结果。因此，只有以严谨的态度，借助科学、先进的方法、手段来进行管理协调，才能很好地实现管理目标。科学的方法可以充分发挥各方面的优势，通过合理的调配组合避开与弥补各方不足，充分调动各方积极性、发挥各方的长处。

3."统一"原则。

统一是目标。对于整个工程的施工过程而言，要将所有活动纳入统一管理体系，整个工程只有统一于总承包方的管理，才能更好地运转。

4."控制"原则。

控制是保证，要设置独立的施工总承包管理部门及人员，采用有效控制手段，对分包工程进行监督管控。

5."协调"原则。

协调是灵魂。通过协调将各个分包单位之间的交叉影响减至最小，将影响施工总承包管理目标实现的不利因素减至最少。在总承包管理中，协调能力是总承包管理水平、经验的具体体现。只有把协调工作做好，整个工程才能顺利完成。

（二）从项目层面来说，要有举轻若重的效果

项目层面的举轻若重，就是讲执行力，讲规矩，讲流程，要把日常工作的每一件小事兢兢业业做好，把小事当成大事来办。必须主动服务，主动工作，提供技术支撑，提供管理咨询，替业主分忧，为劳务分包解决具体困难，创造出良好工作氛围。

●首先，为更好对各分包实施管理和提供配合服务，总承包应根据工程实际情况，针对各专业工程特点进行协调管理与服务。由于施工现场情况并不是一成不变，施工管理与配合服务内容也包罗万象，复杂多变，总承包商要根据现场实际情况和各分包要求适时调整管理与服务内容。

●其次，总承包要通过加强自身工作范围内工作与业主、监理、设计以及其他分包之间的协调，保证自身工作范围内工作与各分包之间工序有效衔接，工作有条不紊。

●第三，对各分包提供合同所规定的全面的服务，提供施工现场现有的办公、生活、水电接驳点、堆场、施工道路等各种现有设施供各分包使用，为各分包的施工创造有利的现场条件；对各分包之间进行有效

的协调，解决各分包的工作界面互相干扰、施工工序不衔接等各方面的矛盾和问题，确保各分包的施工能顺利进行，从而保证整体工程施工的顺利进行。

二、做好总承包管理必须加强四个能力建设

作为总承包企业，应该提升哪些方面的管理能力？结合四局施工的广州西塔、深圳京基、贵阳会展中心等项目的具体实践，我认为必须在策划能力、资源能力、技术能力、信息化能力等四个方面加强建设。

1. 策划能力。

总承包管理必须策划在先。首先，要对如何管项目、干项目有设想、有安排，进行责任分工，重点落在项目的组织架构上；其次，要统筹规划，先干哪里，后干哪里，什么人去干，谁负责落实，谁负责监督检查，什么时候项目要做到什么程度，项目应达到什么标准，应该有清晰的目标计划；第三，做好工期、节点的安排。进退场安排、各专业分包的穿插时间、各种材料采购以及劳动力进场时间、资金安排等，一切都要在计划掌控之中。

2. 资源能力。

资源能力是总承包企业区别于一般企业的核心标志，即在资源的占有和配置上有着一般企业所无法具备的优势。重点要对各种分包、材料、机械设备供应商的诚信、价格、性能、产地、可靠性和先进性深入了解。比如各种材料、挖土、打桩，要知道哪些好，哪些差，哪些贵，哪些便宜。对于分包队伍，还要了解他们的财务状况，做到知己知彼。在材料采购上，不仅自己能够采购，别人采购也要能够指导、审核、定价。

3. 技术能力。

搞总承包一定要推广自己的新工艺、新标准、新工法，这既是保质高效完成项目施工的保证，也是我们目前新资质就位的要求，尤其在深

化设计问题上，深化设计已经成为总承包管理的核心职责之一，要有能力完善及深化由设计单位提供的施工图纸，既保证质量，又降低成本。

4．信息化建设能力。

要有工作平台、信息平台，做到资源共享。比如所用的管理标准、图纸、规范、方案、各种制度、操作规程等平台里要有，包括形象进度、工资发放、结算情况、检查考核情况、外界联系、文件发放、竣工资料等等也要有。要通过信息化完善总承包企业的业务流程重组，建立起与工程总承包和项目管理相适应的组织架构和业务流程，使企业管理透明化、标准化和制度化。在项目合同管理、支付管理、进度管理、成本控制等方面，实现工作流程的可视化、实时记录、跟踪和控制，强化项目管理的过程控制，实现项目的规范化管理与远程管理。改进财务管理流程，使财务信息从静态走向实时动态，利用网络远程监控所有项目的财务状况。

三、抓好总承包模式下的六个管理

推进总承包管理的进一步深化，必须抓住项目管理的一些关键节点。

1．抓好目标管理

总承包管理首先体现为一种目标管理。要确定工期节点目标、质量安全目标、成本目标、环保节能目标、科技创新目标等，对这些目标，要进行分层分级管理，要有计划、有行动、有落实、有检查、有考核、有奖罚。

2．抓好进度管理

现在业主对工期的要求越来越严格，一个总承包项目各专业施工队伍动不动就是四五十家，时间紧、协调难度大，往往是一快就乱，一快就出问题。施工中，对关键线路的控制、节点的考核，一切工作都围绕进度展开。要编制出工程施工总控进度计划，确定工程总工期，给出阶段性控制节点工期，以工程实际施工进程为主线，把所有专业分包施工进度计划都纳入到总承包统一计划体系当中，建立立体保障计划管理体系，执行分级计划控制制度，制定总承包协调管理办法，确保工程在总承包有序高效的管理下如期高质完成。

3. 抓好质量管理

抓质量管理，重点是要定标准、定工艺、定流程，实行过程控制，注重过程精品。要选样定样，选厂家定型号，做好样板间，实行样板引路。在施工过程中，要定期开展全面质量检查和质量问题分析会，各分包定期向总承包提交质量月报表，掌握工程质量动态，应用数理统计分析方法，分析工程质量发展趋势，通过利用组织、技术、合同、经济的措施，达到"人、机、料、法、环"五大要素的有效控制，保证工程的整体质量。将各专业分包工程按施工准备阶段、施工阶段、交工验收阶段划分，在各阶段对分解目标按计划、执行、检查、处理四个过程循环操作，在分包施工过程中收集、整理质量记录的原始记录，分析质量状况和发展趋势，有针对性地提出改进措施，对各工序施工质量作持续改进，通过工序施工质量控制整体质量。

4. 抓好安全管理

安全是总承包管理的重中之重。一是要有管理机构。总承包项目经理部下设安全环境管理部，全面负责该工程的安全、文明施工、环境保护管理工作，各分包商应成立相应安全管理机构，协助总承包搞好该分包商的安全管理等工作。二是要形成安全管理网络。建立以总承包项目经理为首，项目副经理、各分包项目经理、安全主任、专职安全员、工长、班组长、生产工人组成的安全管理网络，每个人在网络中都有明确的职责。三是要落实责任制。各项经济承包有明确的安全指标和包括奖惩办法在内的保证措施。总承包商、分包商之间必须签订安全生产协议书。要建立《安全教育制度》、《安全生产例会制度》等安全管理制度。四是加强宣传教育。加强安全宣传和教育是防止员工产生不安全行为，减少人为失误。五是加强安全检查。消除安全隐患是保证安全生产的关键，而安全检查则是消除安全隐患的有力手段之一。总承包要组织自行施工项目部和各分包商进行日常检、定期检、综合检、专业检等四种形式的检查，对检查的结果要严格奖罚。

5．抓好平面管理、场地管理

施工总平面的规划和管理是工程现场管理中的一个重要组成部分，总承包企业应该根据施工进度和场地实际状况，在施工进展中，按照招标文件要求节点时间、节点区域、地下工程、地上结构工程、机电设备安装和装饰施工等阶段分别规划施工总平面图。

6．抓好设施管理

设施管理主要是大型设备，重点是垂直运输设备，比如塔吊、电梯，临水、临电、办公区和生活区临建等，要讲合理分配、统筹兼顾。

参悟项目管控的方圆之道

——在第二届"中国建筑"项目管理论坛上的发言

中国建筑第五工程局有限公司　董事长　鲁贵卿

中建五局在成本管理的实践中，摸索总结出一个形象而有效的管理工具，通过三条实线、两条虚线、四个支撑点，将项目的合同造价、责任成本、目标成本、实际成本、结算总价，经营效益、管理效益、结算效益以及工期、质量、安全、环保等社会对项目的四个要求，在一个外圆内方的图形中形象地表达出来。图形的中间部分又通过一个菱形，将项目的五大建造成本区分表达出来，明确了项目管理的重点，区分了项目不同的盈亏状况，有利于我们强化成本控制的理念，找准成本控制的途径。这个图形工具中，咖啡色、蓝色、黄色三种颜色分别代表了经营效益、管理效益、结算效益，实线和虚线表示固定和可变内容，我们将这个图形叫"项目成本管理方圆图"。

一、项目成本管理方圆图是一种管理理念

这张图不仅仅体现的是成本管控的概念和内容，实际上，它反映了企业运营中一些最基础、最本质、最核心的东西。通过成本管控这条主线，来带动企业从市场营销，到施工中的过程管控，到竣工结算全过程的管理工作，可谓牵一发而动全身。可以说，项目成本管控是项目管理

项目成本管理方圆图

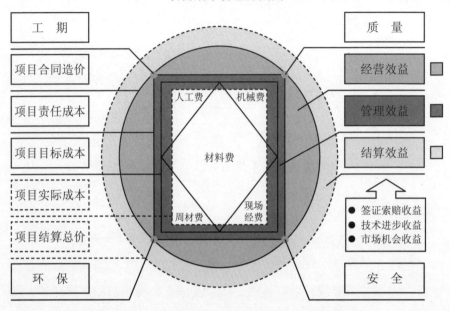

乃至企业管理的纲。

项目成本管理方圆图作为一种理念，可以从四个方面来理解。

● 第一个理念是外圆内方。我们之所以做成方圆图的形式，是汲取了中国哲学"天圆地方"的古老智慧。"方"，即"方正"，代表着稳健与内敛；"圆"，即"圆通"，代表着周密与张扬。方圆相济、外圆内方，这样一种既稳固又具张力的构图，可以说是对五局管理哲学的一种形象诠释和直观解读。

项目运作的过程中，可变的因素是很多的。作为施工企业，我们总是希望外面的这两个圆能尽可能往外走，而内部的这个方框能尽可能往里走。但这是有限度的，这个边界取决于企业的经营哲学和价值判断。所谓"低成本"，不是粗制滥造、弄虚作假、以假充真，而是指在可控的范围内，减少不必要的支出，使成本控制在合理的范围内。如果是那种违法、违规的"低成本"，则最终要付出代价。同样，所谓"高收益"，也是在法律及合同的框架内，追求经营效益和结算效益的最大化。我们

中国建筑管理丛书

项目管理卷

倡导的是"外圆内方","圆",要圆得有理;"方",要方得有据。

● 第二个理念是项目生产力最大化。生产力和生产关系是相互促进的关系,生产关系可以促进生产力。方圆图把项目施工的生产要素在一张图上体现出来,可一目了然地掌握重点,有助于实现人工、材料、机械等生产要素最节约、最优化的配置,从而使项目的生产力最大化,从而使建筑施工企业的生产力最大化。

● 第三个理念是两个基石一条主线。即:项目管理是企业管理的基石,成本管理是项目管理的基石,项目管理以成本管理为主线。项目管理是企业管理一切工作的着力点和落脚点。项目管理要以成本管理为基石,项目管理要落实到成本管理上面去。

● 第四个理念是权责利相统一。这主要是解决项目经理和企业法人、项目和企业之间的权责关系。企业是管控主体和利润中心,项目是实施主体和成本中心。我们讲"项目经理责任制",不讲"项目经理负责制"。我们提倡集权有道、分权有章、授权有序、用权有度,都是为了解决责权利的问题。

二、项目成本管理方圆图是一种管理工具

借助项目成本管理方圆图,可以明确地划分三个效益、四大支撑、五类费用,所以说它是一种非常重要、非常实用的管理工具。主要有四个方面的内容。

● 工具之一就是实施价本分离。通过这张图,我们可以将项目的合同造价和项目的责任成本区清晰地划分开,使价本分离得以实现。

● 工具之二就是划分三个效益。利用方圆图这个工具,可以把经营效益、管理效益、结算效益分开。

● 工具之三就是强化四大支撑的成本属性。工期、质量、安全、环保是项目管理的四个支撑点。做好这四个支撑点都要讲成本概念,所

以我们要更多地强调其成本属性。为此，中建五局立足于以成本管理为中心的项目管理，明确提出了"工期为纲、质量为本、安全为重、环保为要"的"四为"方针。我们做工程，如果工期跟不上，质量也不好，安全还老出问题，环保又被处置罚款，这样能赚钱才怪呢！相反，如果这些都做好了，业主满意了，社会认可了，那我们就完成了一单生意的全过程，最后就一定会得到好的回报。

● 工具之四就是控制建造成本的五类费用。建造一个项目，其材料费、人工费、机械费、现场经费、周材费必须要分别分析、核算、管理、考核，只有这样你才知道亏了还是赚了，到底是哪一部分赢利了，哪一部分亏损了，原因是什么？然后就可以有针对性地制定应对措施。

三、项目成本管理方圆图是一种管理方法

作为一种理念、一种工具，只有应用于实践，发挥理念对实践的指导作用，发挥工具对实践的辅助作用，才能检验理念、工具的正确性和实际成效。为此，我们根据成本管理方圆图，总结提炼出了一些成本管理的具体方法。

● 方法之一是"三大纪律八项注意"。从项目成本管理方圆图上，可以把握到一些关键的控制点，我们将其概括为"三大纪律八项注意"。

"三大纪律"，即：商务合约工作的三项基本制度——项目经理责任制、商务合约交底策划制、分供方选择招标制。

1. 项目经理责任制

项目成本管理方圆图上，责任成本是一个关键点。只要能将项目的实际成本控制在责任成本之内，我们即能确保企业的经营效益。而实现的途径，即是抓项目经理责任制建设，提高项目经理的责任意识，确保上交指标的实现。

项目经理责任制和项目经理负责制虽只有一字之差，但两者完全不

同。项目经理责任制立足于履行管理责任，完成责任目标。项目经理负责制则是搞项目经理承包，实践证明这是迟早会出问题的。我们要坚定不移地推行项目经理责任制，并作为三大纪律之首。当然，项目经理责任制具体的组织形式可以灵活多样，如为强化激励与约束，可以积极尝试采用风险抵押、内部股份制、组合社会资源进行股份制运营等方式，但要在企业的总体框架之下确定。

近几年，中建五局从三个层面抓项目经理责任制的落实，一是局层面组织对竣工结算项目管理目标责任书的考核；二是抓项目过程成本考核兑现及兑现奖发放；三是将项目经理考核结果与使用挂钩。通过这些年的强化建设，目前项目完成和超额完成责任成本目标的比例已提高到70%以上。

2. 商务合约交底策划制

在具体的做法上，我们在全局范围内统一了合同范本格式，明确合同交底内容，重点提示降本增效、主要风险、应对措施、业主关系维护等关键环节。同时，高度重视项目商务策划，以商务创效最大化、现金流量最大化、营运风险最小化为目的，涵盖项目概况及创效关键点分析、开源措施、节流措施、风险防范措施、供方招标计划等主要内容，尽量做到数据化，使商务策划真正与现场施工的实际相结合、相吻合，并及时根据情况动态调整，取得了明显的效果。

3. 分供方选择招标制

从项目的成本构成看，材料费、人工费占据了大部，这也是项目管理中的一个关键控制点。我们作为总承包企业，一定要在身边凝聚一大批成熟的、优秀的专业承包队伍和劳务承包队伍，否则，要想快速地发展、健康地发展是不可能的。在材料采购上，我们整体推进集团集中采购，如钢材集中采购。对劳务队伍，坚持公开招标制，实行优质优价、动态管理，特别是践行"政治上同对待、工作上同要求、利益上同收获、素质上同提高、生活上同关心"的"五同原则"，坚持企业与分供方合作共赢，形成了"万名员工闯市场、十万民工奔小康"的和谐发展局面，为我们的快速发展提供了坚实的劳务支撑。

"八项注意"，即：商务合约工作中需要把握的八个主要环节——合同洽谈、价本分离、商务策划、供方管理、过程管控、签证索赔、结算收款、奖罚兑现。对这八个环节，我们注意逐一落实，关注细节，不断提升企业商务管理的水平。

● 方法之二是项目四大策划。要顺利实现经营效益、管理效益、结算效益，就必须认真完成现场策划、施工策划、商务策划、资金策划这四项策划，而方圆图已经清晰地划分出四大策划的各自范围。

● 方法之三是施工生产四项基本制度。即：项目经理责任制、组织策划制、过程管控制、结果考评制。这些方法如果落实得不好，最后的效果就不会好。

● 方法之四是分资制管理法。即：费用划分开，资金分开算，收支两条线。费用划分开，就是把企业运营费用和项目建造费用分开，企业运营费用是在企业层面，项目建造费用是在项目层面，也就是要现场经费和企业经费划分开，如果这个不分开，就谈不上分资制管理。资金分级算，就是要分级核算。收支两条线，就是总部、分公司和项目部三级都要实行预算管理，收支两条线。

应该说，通过项目成本管理方圆图这个工具，我们可以更直观地理解一个建筑施工项目的收入、成本、效益间的关系，并思考我们的项目成本控制和创效管理的既定制度是否合理、科学和有效。

总之，外圆内方，既是通达的人生智慧，也是有效的治企良方。在企业运营的过程中，以"圆"的顺滑融通于外，以"方"的棱角约束于内，企业方能进退自如，又不失原则，达到随心所欲而不逾矩的境界。

坚持法人直管项目模式 优化企业资源配置体系

中建一局集团建设发展有限公司

一局发展公司在法人管项目的探索实践中，逐渐形成了以核心权力集约于法人为基础，以全功能总部机构为主导，以全领域履约策划为龙头，以全过程成本管控为主线，以全重点技术方案为核心，以全要素履约考核为督导，以全阶段质量安全为保障，以全天候信息化手段为促进的管理体系，不断优化企业资源配置水平，持续提升高端房建领域的竞争能力。

一、一局发展公司经营管理的基本特点

在法人直管项目模式下，一局发展公司组织机构扁平化特点明显，公司所有项目均由企业总部直接管理。几年来，以不到2200人（含劳务派遣）的企业总在岗员工，约1900人（含劳务派遣）的项目在岗员工，管理分布于全国各地的年均几十个在施项目，累计获得"国际桥梁及结构工程协会杰出结构大奖"1项（世界仅9项，中国仅2项）、詹天佑奖1项，鲁班奖15项，国家优质工程奖12项，各类省部级优质工程奖近百项。一局发展公司在"做大做强"的道路上不断迈进，企业经营与发展逐渐形成了五个提升。

● 一是专业化水平不断提升，公司盈利能力不断增强，企业规模稳健做大。着力细分高端市场，力图通过高端市场的专业化提升企业差别竞争能力，逐步形成了以超高层公建为代表的大型智能化建筑，和以超大型高科技电子厂房为代表的大型电子厂房为重点领域的产品布局。

● 二是区域化水平不断提升，区域稳健经营能力不断增强，区域产出贡献日益增大。2008年以来，一局发展公司以"一进一退"为原则系统调整了企业京外市场布局，对于发展稳健、前景看好的区域市场坚定进入，务求做实；对于经营状况一般、发展前景堪忧的区域坚决退出，而将相应资源整合融入优势市场，以进一步巩固其发展。

● 三是标准化水平不断提升，以标准化为载体的项目履约精细化管理能力不断增强。标准化是企业管理工作成熟的重要标志，是科学化、规范化和效率化的必然要求。一局发展公司在法人直管项目中，高度重视通过标准化固化企业优秀管理品质，锤炼法人管理能力。2008年以来，公司以总部职能优化为基本手段，以具体业务流程再造为主要方式，通过企业内部业务体系与业务体系间的交联融合及内部业务体系与外部认证标准体系之间的融合，完成了公司标准化建设的主要工作。共编制完成并颁布了16本企业管理标准手册，确认了近600项必须加以控制的管理经营活动，统一、明确了328项企业业务标准，公布了1669项表单化的工作记录。这些企业内部标准使分布在全国各地的项目得到了法人统一模式、统一标准、统一过程的管理。

● 四是信息化水平不断提升，为企业远程管理提供了有力、高效的工具。通过多年来的建设，信息化着眼于打造六个平台。

一是坚持以企业战略需求引领为本，打造企业级信息化管理平台，提升企业战略管理能力。

二是坚持以业务流程优化重组为本，打造企业级标准化管理平台，提升机制流程管理能力。

三是坚持以数据积累、知识管理为本，打造企业级制度化知识平台，提升知识积累管理能力。

四是坚持以面向市场创效增值为本，打造企业级精细化经营平台，提升经营创效管理能力。

五是坚持以科学人文信息共享为本，打造企业级无缝隙协作平台，提升团队协作管理能力。坚持充分的最大化的信息共享、资源共享。

六是坚持以科学发展、健康发展为本，打造企业级全风险预警平台，提升科学决策管理能力。整体上看，公司的信息化建设，特别是通过信息化系统实现法人对项目全天候、全领域、全风险管理，使项目履约运行始终在法人掌控之中。

● 五是国际化发展水平获得提升，法人直管项目模式走出国门。2010年，在高端海外市场方面，巴哈马项目的履约，使法人直管项目模式走出了国门，走到了美洲，进一步锤炼了对国际顶尖项目进行法人远程直管的能力。

二、一局发展对法人直管项目模式的选择

（一）一局发展对法人直管项目的选择。

1. 就历史沿革来说，法人直管项目是一局发展的最佳选择。

北京是一局发展的主战场，特别是2004年以前，北京市场份额占了一局发展市场总额的绝大比重。在相对单一市场模式下，法人直管项目成为项目管理模式的必然也是最佳选择。同时，法人对项目的管理水平又在高端项目不间断的履约实践中得到了进一步的提高，形成了较高法人管项目水平与项目精细化管理不断提升的相互促进与良性循环。

2. 就现实情况而言，法人直管项目是一局发展必然的选择。

一局发展公司以"高、大、难、精、尖、特"等中高端市场为主攻方向。一方面，这些项目体量大、周期长、技术难度高、综合协调复杂、专业化程度强，这些特点必然要求建筑实体企业采取集约方式，集中公

司优质资源，形成合力指导项目履约、支持项目履约，甚至是关键的时候支援项目履约，才能对其经营决策实行全过程的精细化控制管理，最大限度地确保履约品质，从而赢得长远的市场。另一方面，这些业主绝大多数管理规范，制度严谨，这也要求建筑实体企业通过根植于法人层面的制度化、标准化管理予以充分对接，从而实现"同一业主不同地域的项目实现稳定同一的履约与管理"。

（二）一局发展公司法人管项目的历史沿革

1. 第一阶段：项目组织模式（1985～1992年）。

一局发展公司是中国建筑业项目法改革的发起者与推动者。公司1985年即推行项目法施工，进行配套改革，建立了内部市场体系和内部价格体系。90年代初，又对公司管控体系与组织结构进行大刀阔斧的改革，建立了项目经理部制项目生产组织模式。在这个分权管理模式的阶段，项目生产经营的积极性得到极大的激发，企业总体活力不断提升，通过在国内最早与德国、法国、日本等一大批国际先进总承包企业进行管理合作与文化交流，培养、锻炼出一批优秀人才，为企业后续发展奠定了坚实的基础。但在这一阶段，企业法人将生产经营的大部分权力下放至项目，公司总部对项目信息集成度低，对项目真实经营状况掌握程度低，各种先进优秀的技术、管理经验常常得不到及时的积累、沉淀与共享，产生了一系列的管理问题。

2. 第二阶段：集中型的法人管项目模式（1993～2004年）。

针对第一阶段所产生的问题，一局发展公司于20世纪90年代初深入研究国际建筑企业发展的普遍规律，深入学习国际先进承包商的经验，系统地革除早期项目法施工中的各种弊端，逐步形成了与国际接轨的"总部服务控制，项目授权管理，专业施工保障，社会协力合作"的工程总承包项目管理模式和管理体制。逐步将经营决策权、资金控制权、生产要素配置权、项目成本控制权、施工组织设计和技术方案制订权、人事管理权、物资采购权、对外合同签订权、内部任务分配权、分承包选择权等十大权力收归总部，解决了法人管项目的问题，实现了项目管理从简单的承包制到目标责任管理的转变，实现了从经验管理向制度管理的重大转变。在这一时期，实现了企业从经营规模到经营质量的历史性飞跃，成为国内一流的建筑承包商。

3. 第三阶段：集约型的法人管项目模式（2005年至今）。

为了进一步的激发企业活力，实现企业又好又快发展，一局发展公司以"集权有度、分权有序"为纲领，以实事求是、对症下药为原则，以企业管控制度建设为重点，以严谨、健全的逐级委托代理为主要方式，以细致、严格的企业内审为基本保障，重新构建了企业的资源配置方式，形成了集约型的法人管项目模式。第一，在整体模式上，在法人管项目模式下实现了集权有度，分权有序；第二，在管理转变上，强化总部功能，通过支持与服务体现法人价值，使项目自觉自愿地接受法人的支持与监督；第三，在模式运行上，强调企业制度的优化与标准化建设，通过严谨细致的工作流程将适宜的逐级授权代理固化。

三、一局发展公司法人管项目的基本做法

法人管项目是一个多目标的管理体系，包含了质量、安全、工期、成本、技术等一系列相互协调和制约的管理目标。法人管项目就是在法人层级为了实现项目目标，而集约进行的一系列的组织、筹划、激励、沟通、检查、控制活动。

（一）以核心权力集约于法人为基础

要实现法人管项目，法人就必须直接拥有项目履约中核心资源的决定权。项目履约中的核心资源主要有10项，分别是经营决策权、资金控制权、生产要素配置权、项目成本控制权、施工组织设计和技术方案制订权、人事管理权、物资采购权、对外合同签订权、内部任务分配权、分承包选择权。法人对这10项权利应该具备两点能力：一是"拥有"，即

对这些资源的最终决定权。只有拥有这些资源的最终决定权，法人才能掌控项目全过程履约，并对项目的经营成果最终负责。二是"直接"，即这些权利由法人直接对项目行使，而不存在将这些权利再次完全授权除法人总部外其他机构。

（二）以全功能总部机构为主导

● 一是归并整合职能，提升总部服务控制水平。以高端房建项目真正工程总承包所需要素与能力培育为目标，针对企业当前管理短板在总部机构上做了系统强化，成立集成公司核心技术资源的技术中心、肩负全程营销责任的营销管理中心、承担采购与履约成本一体化管理责任的经营管控中心，组建独立开拓高端机电与新型机电市场的机电事业部，成立对超高层与大厂房项目获取与履约保障作用巨大的钢结构工程部。

● 二是大力培育总部对项目履约的"支援"能力。在项目需要时，总部高效地抽调专门的管理力量进驻项目，指导、协助项目开展具体业务工作。要求总部各系统、各部门一如既往地做好对项目履约管理与服务的同时，进一步肩负起责任，牢固树立"支援项目是总部的当然责任"的思想意识，建立了"快速反应、强力跟进、相互协同"的工作机制，大力培育"冲得上、顶得住、打得赢"的支援保障体系。

（三）以全领域履约策划为龙头

项目履约策划有三项重点。一是"有目标"，即充分根据合同规定和业主要求，根据公司的收益、科技、质量、安全、环境等方针目标，提出项目的管理目标。二是"有措施"，根据履约目标，编制详尽的目标实施的策划书。项目策划书不是项目管理目标的简单罗列，而是完成目标所必需的技术、资源等支持。三是有"运行管理"，项目策划报告是项目运行和实施的原则和依据，项目的过程监控与考核均以项目策划报告为基准，同时也是签订项目管理责任目标委托书的依据。

（四）以全过程成本管控为主线

一局发展公司一直强调"对内不承包，对外不挂靠"，采用集约化的管理方式，以全过程的成本管控为主线，从五个方面实行集约管理。一是成本核定的集约管理；二是商务合约的集约管理，对履约品质影响重大的主要分包选择权由公司统一行使；三是物资采购的集约管理，实行物资集约采购制度，科学合理扩大集采范围，提高集采比例；四是资源调配的集中管理，公司成立周转性材料资源调配中心，对大型机械、模板、架料、几字梁、电缆、电箱及碗口支撑、办公用品项目周转性材料实施统一管理，统一调配，降低了项目成本；五是统一的成本预警规则。

（五）以全重点技术方案为核心

由技术支持型企业迈向技术先导型企业是一局发展公司不懈的追求。在法人管项目方面，一局发展公司主要通过四项工作强化重点技术方案在履约中的核心地位。

一是成立技术专家委员会，在公司范围内公开聘任核心技术人员为公司技术专家，并享受公司高管待遇，营造浓厚的肯定技术、尊重技术氛围，发挥技术专家在项目履约中科研攻关、难题解决、人才培养、市场营销等方面的作用。二是在多年工程实践的基础上，公司甄别出对超高层与大厂房等大型公共建筑履约品质影响重大的14个专项技术领域，并以其为核心强力做实技术中心。三是着力推进技术与经济性的融合与重大质量安全控制。四是强化设计与技术的融合，注重建立通畅的渠道形成深化设计对设计渗透与设计对深化设计的指导。五是重视科研成果，并将科研成果作为市场开拓与履约的有力武器。

截至目前，一局发展公司共取得国家科技进步奖1项、国家级工法4项、北京市级工法6项、国家有效专利24项、省部级科技进步奖9项、省部级科技示范工程17项，主编或参编的国家行业标准或规范2项、地方行业标准或规范2项。

（六）以全要素考核与兑现为督导

一局发展公司的项目考核分为三种方式。一是项目半年与年度考评，考评包括核心指标和基础管理指标两个部分，将考核结果同项目最终经营绩效兑现比例与风险抵押额度直接挂钩。二是项目季度考核，按季度对项目的质量、安全、资金、成本降低指标作否决制考核评价。三是项目竣工考核，对项目履约全过程绩效及管理作综合性评价。

（七）以全阶段质量安全为保障

一局发展公司在质量与安全管理方面坚持两个原则。一是全过程原则，即质量安全管理要毫不松懈地由法人管理并贯穿项目履约始终。如在质量管理上，把"精品名牌"战略作为覆盖履约各阶段的关键措施加以实施。开创性地提倡并践行"精品工程生产线"的过程质量管理，实行"过程精品，动态管理，目标考核，严格奖罚"的质量保证体系。二是底线管理原则，强化质量安全对企业运营安全，对项目履约品质的保障作用。在正向激励方面，设立了项目安全奖励基金。与项目全员签署安全生产责任状，对于安全生产的项目给予全员性的专项奖励。在负向激励方面，在项目执行安全三项硬措施与安全管理四个到位，其中三项硬措施为：实行责任死亡事故项目经理无条件换任制，原则一年内不得再担任项目经理，对不服从换岗安排的就地劝退；实行责任死亡事故责任工长无条件辞退制，不再录用；实行责任安全事故经济责任连带制度，对于在安全事故中没有尽到相应工作职责的相关人员要落实经济赔偿责任。四个到位为：细化知情到位，技术调查到位，责任追究到位，检查效率到位。

（八）以全天候信息化手段为促进

信息化平台建设作为企业实施流程化管理、提高管理科学化水平的重要手段和保障机制得到了大力、持续的推进。目前，信息化在企业核心业务成本控制、资金、合约、物资全过程管理、周转性资产、设备管理、方针目标管理、绩效考核、财务管理、数据库知识库建设、辅助深化设计等多层次、多领域实施，效果较为明显。

四、对法人管项目的几点体会

经过20多年的发展实践，对于法人直管项目，一局发展公司有如下几点体会。

（一）法人直管项目的前提是强大的企业法人

采用法人直管项目模式的前提是强大的法人总部，主要表现为法人对各种资源的强力占有与完全支配。法人管项目的目的是实现企业更为强大的履约能力，而无论企业履约能力如何强大，都不可能代替项目具体履约实践。因此，法人管项目的根本目的是通过高端资源的占有，为项目提供更好的支持、服务与指导，项目在得到更好的支持、服务与指导过程中需要法人、依靠法人，自觉自愿、积极主动地接受法人的管理。

（二）法人直管项目的基础是完善的管理制度

法人所占有的大量资源必须通过健全的管理制度才能得到效率的释放与运用。在制度建设上应该注重三个问题：一是在制度的设计上注重逐级授权代理机制，并在授予权力的同时附以相应的责任，使集约在法人的权力不是简单的归口于企业法人代表，而是由法人总部作为一个整体来共同行使；二是因为权力与工作制度主要集中在企业法人层面，项目更多是对制度的使用与遵守，因此，必须要注重制度间的协同与交圈，而工作流程作为制度的体现与细化，更应该简单明确，方便快捷；第三，要建立与完善业绩考核与激励制度，最大限度地避免法人集权而官僚，项目"无权"而懈怠。

（三）法人直管项目制度的保障是先进的信息化系统

建筑企业信息化主要可以解决法人管项目中的四个问题：第一，解决了法人集权所带来的海量信息的有序储存与有效运用；第二，解决了工作流程的便捷与准确展开及各种复杂的数据整理与分析；第三，信息化流程按照预先设定运行，可以大幅避免"越权"、"人情"等非正常、非效率因素对企业运营的干扰；第四，信息化可以大部分克服项目履约地与法人的物理距离，实现更为便捷的沟通与管理。

以项目目标责任制为载体　健全项目风险管理体系

中建二局上海分公司

二局上海公司近年来发展速度越来越快，规模越来越大，在施项目数量越来越多，在人力资源有限的情况下，如何实现企业又好又快地发展，使项目整体处于受控状态，满足业主的需求，按合同完成节点目标，保持一定的盈利水平？公司主要是以项目目标责任制为载体，在健全项目风险防范体系上进行了有效的探索和实践。

完善的风险防范体系，对于处于快速成长期的企业，其意义尤为重要。成长期的企业随着规模的扩大必须不断进行管理升级，不断优化管理模式，提升企业运营能力。中建二局上海分公司风险防范体系主要包括主动控制体系和被动控制体系两大部分。

一、主动控制

1. 贯彻"诚信、发展、盈利、和谐"为核心的企业文化

企业文化是企业成员共同追求的价值观念和行为准则，是促进企业健康发展的无形资本和重要力量。推行目标责任制，要把企业文化贯穿始终，让其成为员工的共同信仰和价值追求，同时也让社会普遍认同。

2. 强化培训

通过培训把企业的发展战略、经营理念、管理制度、流程以及价值取向、企业文化等带给每位员工，使其在工作中贯彻执行，否则公司有再多的想法，再多的制度也仅是一些幻想。

3. 保证承接工程质量

在项目跟踪、招标文件和投标文件评审等阶段，项目部提前介入其中，要评价项目的风险、工期、质量等工程目标能否实现，资金能否保证，上交管理费的底线能否实现等。

4. 项目实施前期策划

（1）目标的确定

《项目目标责任书》的各项目标由公司各职能部门来确定。设定的目标主要以建设单位在合同中对企业的全部要求为主，一般由以下目标组成：

序号	项目管理目标	内容
1	项目净利润率（不含税金）	
2	工期管理目标	
3	质量管理目标	
4	安全管理目标	
5	文明施工目标	
6	CI 管理目标	
7	职业健康管理目标	
8	技术管理目标	
9	人才培养目标	

除经济目标的其他目标，一般由相关主管部门以总包合同的约定为基础，根据工程特点及当年的各项工作计划确定。在责任书中对项目的各项管理制度要求、管理量化指标、报表填报等管理要求通过责任书固定下来，明晰责任，以责任奖罚。对于不同项目、不同业主会设立相对有差异的目标，对于条件较好的项目会根据投标报价情况设定更高的起点目标。

（2）分解实施目标计划

制定工期计划，根据工期计划安排劳务进场计划、材料进场计划等，在此基础上制定项目现金流计划，将盈利目标分解，制定成本控制计划。分解目标计划内容包括：总预算（现金流预测）、采购计划、进度、技术、质量、职业健康及安全计划。

5．过程控制

（1）公司各部门系统管理，监督检查，指导服务

工程管理部门主要负责质量、安全、工期、文明施工等。预算管理部门主要负责严格执行项目预算管理制度，通过总预算、月度预算、总分包台账实现过程中对项目的掌控。合约管理部门主要负责合同授权、评审，建立合同范本。资源平台建设部门主要负责合格分供方、优惠条件、近期成交信息等的管理。结算审核部门主要负责指导项目做好结算策划，审核与业主及分包的结算内容。

（2）过程审计

过程审计主要是对履约情况及盈利情况和风险的控制。在过程审计中，重点关注项目内控制度、合约管理、成本费用、收入与支出、物资采购，披露项目内控制度中存在的问题和漏洞，分析每个项目存在的具体问题，提出改进意见。强化对竣工已结算项目的审计，锁定已结算项目的效益和风险，提高审计效率，使公司的激励机制体现更及时，提高员工积极性。

6．债权债务锁定

项目完工后必须及时锁定债务，对所有分包合同、劳务合同、物资供应合同、零星采购、其他合同、项目部管理费、税金、上缴资金等确认锁定。已结算的按照结算额锁定，未结算的按照充分预估锁定。锁定表必须附承诺书，承诺发生超过锁定表以外的债务，由本人负责。

7．及时兑现

项目完成结算，债权债务锁定，对外债务结清，经过了内部审计，

账面上体现有资金余额就可以兑现。保修尾款未全部收回作了部分兑现的，风险抵押不能解除。

二、被动控制

1. 风险抵押

新开项目抵押的资金额度至少有30%必须为现金，不足部分可以用有效资产抵押。没有固定资产的必须全额抵押现金，不按时交纳的视同自动放弃兑现的权利，但是并不减免其承担的任何责任。

2. 三人连带互负责任担保

要求至少三人以上承诺"自愿对被授权人在承包该项目过程中所产生的一切质量、经济风险提供担保。即在以上抵押物不足以赔偿企业损失时，由以下担保人提供补充式无期限，无限连带责任担保。"

3. 底线管理制度

所有项目必须贯彻执行全面预算管理制度；所有项目在完工后必须在第一时间内锁定债权债务；所有项目必须坚持独立核算的原则；所有项目必须实行履约保证金制度，必须及时缴纳风险抵押金或其他有效抵押。

经过不断实践和完善，项目目标责任制逐渐标准和规范，从内控角度上体现了公司的各项管理要求，从会签程序上职能部门对分管工作监管，从法律风险防范上做到了关口前移，公司现金流管理健康有序，建立了一套以成本控制为核心的项目责、权、利高度统一的目标责任体系。近年来，施工的工程业主满意率达到100%，项目对接市场的能力不断增强，充分了解业主需求，现场带动了市场，与很多大业主结成了长期战略合作伙伴。

扎实推进工期策划　高效促进项目履约

中国建筑第三工程局有限公司

一、现状与分析

随着国内经济的高速发展和建筑市场日益激烈的竞争，企业承接工程的规模越来越大，但合同工期却呈现出不断压缩的局面，合同工期通常比定额工期压缩50%左右，个别的高达70%，与之相伴的是工期罚款额度巨大，每延误一天的罚款额度通常为合同总价的1‰到5‰，因此，工期风险事实上已成为项目履约过程中最大风险，如果得不到及时有效的化解，不仅影响企业的信誉，还会带来巨额经济损失。

二、思路与做法

项目策划是一个涵盖范围广泛的管理程序，工期策划则是其中的一个重要组成部分。项目工期策划就是以工程合同为基础，以企业对项目设定的工期管理等目标为基本方向，结合项目的实际状况，对项目本身和参与项目履约各相关方的管理行为和目标作全面的梳理和分析，尽可能查找出所有影响项目履约的因素，通过周密的实施计划，分解到每一个施工环节，责任到人，在施工过程中执行和动态管控、更新，使之对项目目标的实施起到指导和控制作用，从而最终达到业主满意，企业赢利的目的。

1. 厘清业主权责助履约

作为建筑工程的主要投资人和所有者，业主在工程合同中的各项约定条件能否及时到位是施工单位的重要履约前提；作为项目最重要的相关方，业主在项目履约过程中的各项权利和义务在工期策划中占有重要的地位。上述因素发端于投标阶段，充实并完善于项目合同谈判阶段，成型并固化于项目合同交底阶段。

对照合同中通用条款和专用条款，逐项评估出业主在履约过程中应该提供的各项条件及应尽义务，从施工前期有关手续的办理、现场的移交、施工图纸的提供、甲供物资设备进场，一直到工程款的支付等内容，都作为工期策划的重要管理输入。在项目实施过程中，指定专人跟进业主上述义务或工作的落实情况，是每一个项目工期策划实施环节的常规动作。除了做好应尽的协助工作，办理相应的备忘手续之外，项目工期策划还必须服务于企业营销战略管理的需求，在重点工程、特殊工程、献礼工程中，用工期策划的管理方法评估和查找影响项目履约的各项要素，主动配合、协助业主推动上述工作。

2. 对接设计单位推履约

设计图纸是项目履约最基本的因素，针对施工图纸的工期策划重点在设计图纸的质量、移交的批次及时间、二次深化设计的审核和设计变更，以及项目技术核定的签发等方面。针对设计单位的工期策划以建立融洽的沟通信任关系为基础，结合市场、商务、技术、生产等各专业的系统风险分析方法，找出项目履约的风险点，并筛选出需要设计单位完善和化解的要点，确定采取的方案和措施，企业和项目部在履约过程中定期跟进确保策划方案有效实施。按照这个思路，梅江会展项目针对设计因素的工期策划取得了空前的成功。开工伊始，时间紧，任务急，钢结构、幕墙和精装饰节点繁多，设计单位根本无法按照常规时间和节点提供施工图纸。项目在工期策划中将图纸审核与施工交底作为关键因素，协调后主动派出技术设计小组（2名土建专业、5名钢结构专业、6名幕墙专业，3名机电专业和10名精装专业人员）驻点在设计单位，承担设计验算、节点深化和细部节点处理等工作，协助设计单位设计的同时完成深化设计工作。通过不懈努力，最终保证了项目的施工图和深化详图同时出具。

3. 完善总包体系强履约

在项目管理目标和方向确定以后，最重要的决定因素就是企业的管理人员。项目工期策划在组织管理上的一个重点就是根据项目履约的需求建立精干高效的项目管理机构。围绕着项目管控机构方面的工期策划，我们主要做了以下工作：项目管理机构方面的更新。2010年底发布的《中建三局项目管理实施手册》中，我们推出了两套不同的典型项目管理架构：一套是传统的项目管理架构，适用于中型以下规模的工程项目，另一套则是按照总承包管理职能建立的新型总承包管理架构，适用于中型及以上，或者业主有明确总承包管理需求的工程项目，与此同时，也明确规定：对于中型及以上规模的工程，负责工程总承包和土建管理的项目班子必须分开设置，由总承包部履行项目综合管理与协调职能。总承包部班子除土建人员外，还吸纳了机电、钢结构、精装饰等专业人员进入，形成合理的班子结构。工程总承包的项目经理代表企业行使总承包管理职权，土建管理的项目团队和其他专业管理团队一样，在总承包管理部的统一安排下开展项目履约活动。

4. 优化技术措施保履约

施工技术在项目的工期策划中占有重要地位。投标阶段和实施阶段的工期策划中都包含对施工技术措施分析和选用的内容。在投标阶段，施工技术措施方面的工期策划安排多以满足项目进度和工艺要求，符合招标文件要求，以中标为原则。而在中标以后，施工技术措施方面的工期策划则以满足项目进度要求，以经济适用和高效履约为主。如在某项目的施工中，针对项目高层结构的特点，我们在策划过程中要求模架必须达到满足超高层施工自身的安全性、满足核心筒沿竖向不断变化和满足钢结构施工的流水节拍的要求，同时还要减少核心筒作业时对塔吊的依赖。最终，核心筒竖向结构施工选择采用顶模工艺，结合本工程特点设计的智能化顶升模架体系充分考虑了测量控制、模板支设、钢筋绑扎、混凝土浇筑、系统顶升、材料吊运等工序施工时的操作要求，为各个工序操作提供了最为便利的条件。从提升、操作、堆载等几个方面充分保证了施工需求，优化了传统的施工方法，极大地方便现场的施工操作，对工期节点的控制创造了条件。

5. 强化分包管控促履约

当前的工程项目，规模越来越大，参与单位越来越多，专业也越来越复杂。国内建筑行业的发展要求土建施工单位向施工总承包管理的方向迈进，项目土建部分的管理者将会逐步和项目中的钢结构、幕墙、精装饰等分包单位一样，成为并列的分部、分项工程管理者，而项目最高的管理权力，将逐步过渡到以总承包协调管理为主要任务的总承包管理部。这个转变对工期策划最大的影响就是必须周密地考虑各专业分包单位的管理绩效对项目工期的影响。对于专业分包单位进行工期管理策划的基础就是全过程参与分包单位的重要管理工作。

由于行业和体制的原因，一些业主会自行组织招标，确定部分专业承包单位，有的采用单独和专业单位签约的形式，有的采用签订三方合同的形式。这些都或多或少地影响到一些土建施工单位的利益。作为总承包管理单位，如果不能站在业主的角度上考虑项目全局利益，不能站在分包单位的立场上考虑局部利益，整个项目的总承包管理将陷入无休止的纠结当中，对项目的履约也将产生严重的影响。针对专业分包管理方面，工期策划重点以各专业单位招标、进场时间和对其履约能力的管控为主。按照工期总控计划和里程碑阶段确定各专业分包的插入时间，同时倒推出分包招标、准备和进场时间，专业分包单位的工作持续时间则应以分包工程总量和项目的节点计划予以确定，应根据工艺特点将分包单位施工过程的重点、难点列入工期策划内容中。

6. 调度生产资源抓履约

针对内部生产资源，工期策划的重点就是以项目总控计划和主要里程碑节点为依据，确定项目的生产资源供应目标和各阶段的需求计划，并结合企业掌握的生产资源和市场情况，作生产资源的专项策划，施工中根据进度情况，监控生产资源策划执行情况，动态调整。我们的体会是对于生产资源管控方面的工期策划，最困难的是生产资源的调度和工期策划内容的实施。生产资源调度往往会产生一定程度的冲突，这种冲突不但存在不同单位的项目之间，甚至在一个单位的不同项目之间有时也会发生冲突。怎样打破单个项目固化生产资源的痼疾，在工程局和公司层面实现从单项目管理到项目群管理方向的转化？我们经过多年的实践，形成了企业与项目紧密结合、统一调度的生产管理体系，相应建立了各级工期管理台账和工期管理预警制度，按工期紧张程度分级管理。为保证生产指挥系统的权威性，提高办事效率，各级机构都赋予生产主管领导生产资源调拨权，包括调动生产周转资金、建议罢免不称职项目管理人员等。非常情况下，为抢工期需要，工程局可直接调动下级机构的生产资源组织突击，发挥集团作战的优势。

如某液显项目，合同工期非常短，保证主体封顶节点目标的实现，我们组织了京津地区的所有公司参加大会战。5月11日现场召开协调会后，各单位迅速动员，5月12日，二公司北京分公司、三公司北京分公司、三公司天津分公司、总承包公司天津分公司主要领导亲自带领管理团队和劳务队奔赴现场，在极短的时间内，现场出现了千军万马齐上阵的壮观场面，主体结构于7月15日前全线封顶，为按期交付业主安装赢得了宝贵的时间，也赢得了业主的信任，树立了企业的形象和声誉。强势的生产调度系统和强力的执行文化是项目履约工作坚实的基础，也是今后我们升级管理理念、实施项目群管理的重要保障。

三、总结与展望

多年来，三局上下大力倡导"履约就是最大节约"的履约观，以项目策划为抓手，以项目全生命周期管理为主线，突出强调项目工期策划对项目履约的指导性和引领性，优化资源配置、强化过程控制、加强风险预控等措施，把工期风险降低到最低程度，取得了较好的效果，全局有95%以上工程达到了合同工期或节点目标的要求，树立了良好的履约形象。

工期管理贯穿于项目履约的始终，以工期为主线开展项目策划有利于项目化解管理风险并对企业的生产资源配置进一步优化，最终将对项目的成本控制产生积极的影响，特别是超短工期工程，如果不在开工前周密策划，很容易导致工期和成本失控。工期策划给项目履约带来不仅仅是效益的增长，最重要是对企业品牌、企业信誉的捍卫和提升。合同签约仅仅是生产管理系统营销工作的开始，企业对业主的全部承诺都需要通过施工履约得以实现。工期策划是项目策划中重要的部分，也是其他专业策划得以实施的基础和保障。

8 强化总承包管理 提高项目履约能力

中建三局深圳证券项目部

  深圳证券交易所营运中心项目位于深圳市金融中心地段，由深圳证券交易所投资兴建，总建筑面积26.7万㎡，地下3层，地上46层，建筑高度245.8m。其抬升裙楼为世界最大的悬挑平台和空中花园——离地36m、高24m、东西长162m，南北宽98m，东西向悬挑36m，南北向悬挑22m，面积15876㎡，可停放10架波音737飞机，用钢量2.7万t，相当于把三分之二个奥运"鸟巢"悬在空中，建成后将成为深圳又一地标性建筑。

  该工程社会影响面广、施工技术难度大，对总承包管理能力更是一次严峻的考验。我局承建该项目后，立了以"业主为先、履约为要"为指导思想，从项目策划入手，加强总承包团队建设和能力培养，有效促进了工程施工，得到了业主的高度肯定。虽然目前工程仍处在机电安装和装修施工阶段，但由于三局在证券项目具有良好的过程履约行为，产生了良好的市场效应，随后承建了深圳湾体育中心、深圳宝安机场T3航站楼、国家超级计算中心等一批特大型项目。

一、明确管理目标，开展项目策划

  同样是公建项目，由于业主的行业习惯不同和管理风格差异，对施工企业的要求也不尽一致，证券项目也不例外。深交所驻现场管理班子办事作风严谨、工作流程严格，并聘请了国内知名咨询公司和专家协助把关，对施工单位，特别是总承包单位大到项目管理团队的组成，小到专业工序作业计划，都要求按合同执行、按规范运作。针对业主的这些特点，我们在项目启动伊始，以合同为依据，明确管理目标，开展全面策划。

三局董事长高度重视项目管理工作，根据业主要求和项目特点，为项目确定了"四标五出"的工作目标，即将工程打造成深圳的"地标"、证券业的"行标"、全球金融界的"世标"和三局的"美标"；通过强化总承包管理，提升履约能力，确保出品牌、出效益、出科技成果、出总承包管理经验、出优秀人才。围绕这个目标，我们组织相关部门和项目部展开项目策划，编制了《项目策划书》，对进度、技术、质量、安全、职业健康、环境保护、商务等工作作总体规划，然后由项目部制定实施计划，并根据具体情况动态调整。项目策划和实施计划着重考虑总承包管理职能的全面性，对各专业分包管理的统一性和对专业工序施工的兼容性，制定了总承包管理办法，用动画模型模拟施工管理过程，对交叉作业工序作细致安排。我们特别注意总平面管理的统筹规划，尽量避免总包与各专业分包的重复投入，如消防水的循环利用，一次规划到位，既达到了节能的目标，又节省了费用。

二、强化总包意识，完善管理功能

随着建设项目总承包市场的发展，以往以土建施工代替施工总承包管理的模式，已经不能满足当今项目管理品质的要求，为此，我们着力从三个方面强化总包意识，完善项目管理功能。

1. 强化团队建设

本着"法人管项目"的原则，工程局牵头成立了项目指挥部，负责本工程实施过程中的重大事项决策，局总工程师兼任项目总工程师，全面指导项目技术工作；成立了总承包项目部，并选派了一批业务能力强、综合素质好的管理人员骨干充实到项目管理层。为加强和落实总承包管理职能，克服传统的土建项目部代替项目总承包管理的弊端。项目部专门设置了总承包管理协调部和深化设计部，并根据工程的不同施工阶段调配不同专业的管理人员，以满足项目总承包管理的需要。

为加强人才的培养，项目部成立了三局首个人才培养示范基地，以职工业余学校为载体，以导师带徒、外聘专家和内派行家等方式轮流授课，组织各类规范、标准和施工技术专业知识培训班达68场次，培训人员达2300人次，项目部管理团队业务能力和综合素质不断提高，成长迅速。

2．完善管理功能

项目部提出"服务业主就是服务自己"的服务理念，主动为业主提供全过程的专业服务。在专业服务上，除了做好传统的土建施工管理工作之外，我们将工作重点放到了深化设计和专业分包管理方面，为业主在施工图设计和深化施工详图设计上提供了大量的服务和支持。项目部专门成立了深化设计管理部门，配备专业工程师，对施工全过程深化设计。在土建工程施工过程中，共发出设计洽商218份，有效解决了设计图纸上的错漏碰缺问题。在抬升裙楼钢结构深化设计过程中，共发出设计洽商105份，将主桁架构件分段的数量由792件减少到676件，减少了吊装和焊接的次数，提高了工效。在机电工程方面，重点对消防、弱电等业主指定分包的各专业深化设计，绘制了管线综合图和剖面图，向设计院提出设计洽商166份，提前解决了312处管线交叉碰撞问题。通过提供优质的深化设计服务，不仅取得业主充分的信任，而且将设计与施工紧密融合、深度交叉，有效推进项目的施工进度。

3．发挥总包优势

只有服务好业主、得到业主认可的管理才是强势管理。在管理过程中，项目部始终坚持"信守承诺、以诚取信、业主为先"的服务理念来推动总承包管理工作，尤其是关键时刻，集中调度公司生产优势资源，确保各关键目标的实现，以整体优势来展示我们的综合实力，赢得了业主的信任和支持。

三、优选合作伙伴，实现价值共享

证券项目设计功能齐全，涉及专业分包众多，按照合同约定，总包方应对整个工程的工期、质量、安全负总责，分包单位的任何疏忽与失误将被视为总包方的过错，因此，优选分包商，并真诚地把其当作合作伙伴，对工程顺利实施至关重要。

1. 优选合作伙伴

在选择分包商、材料供应商过程中，遵循"优质优价"的原则，好中选优，优中选精。如在选择劳务分包商时，我们从全局核心劳务队伍中选择了5家单位招标，通过对投标方案的比较和分析，结合业主对工程管理要求，最终选择了价格略高的劳务公司。该劳务公司有较强的综合实力，更重要的能够融入三局"争先文化"，在关键时刻能打硬仗。事实证明，尽管我们比一般队伍多投入了劳务成本，但为项目争取了宝贵的工期，为其他专业分包的插入施工提供了充足的作业面，实现了合作共赢、价值共享。此外，我们还主动为业主提出合理化建议，帮助业主选择优质的分包方，延伸了总包服务职能，增强了合作互信关系。

2. 服务合作伙伴

总分包双方虽是合同关系，更是合作伙伴，我们把分包的需求当作我们的责任，在履行总包责任和义务的同时，为各专业分包提供优质、高效的服务。在分包单位清华同方公司地下三层冷冻机房7台大型冷冻机组设备吊装阶段，由于冷冻主机单体尺寸大、单体设备重达16t、垂直运输距离长，如果不能及时吊装，势必影响整体工程施工进度。项目部立即组织分包单位、业主、监理召开了四次专题会，充分讨论吊装方案，最终选定了总包建议的使用工地现有塔吊从临时预留洞进行吊装的方案。

同时总包部为确保吊装顺利，做到"四提前"：即提前保养塔吊，确保安全万无一失；提前更换满足要求的吊装钢丝绳，不占用吊装时间；提前布置地下三层设备机房的照明，保证作业环境安全可靠；提前协调设备临时堆放场地和运行通道的畅通，减少了二次转移工作量。最终所有主机在7个小时内完成全部的吊装和就位工作，比清华同方公司自己提出的方案节时5倍。多家分包单位向业主和项目部送来感谢信，对项目总承包管理工作给予高度评价。

3. 协同解决问题

在施工管理过程时，项目部注重站在分包的立场思考问题，将分包的方案审核、计划编制、质量安全管理、总平面布置、垂直运输、脚手架使用，统一纳入总包管理体系，帮助分包出谋划策，解决困难，推动分包方高效履约。我们对分包单位实行划片区管理，由现场责任工程师统筹协调，及时解决分包现场施工中的难题。如幕墙分包单位进场后，对抬升裙楼7层吊顶安装制定了在7层钢梁下弦安装滑动吊篮施工的方案，项目部认真审核后，认为安全保障系数不高，否定了该方案。而后幕墙公司又提出在地下室顶板搭设36m高的满堂架施工的方案，重点解决安全施工问题。但这样势必造成总平面将被占用5～6个月，对整个履约带来风险，项目部再次否决了该方案。又经过多次设计验算，总包部提出在抬升裙楼7层楼板上留洞安装吊架的方式施工的方案，得到了分包、监理、业主的一致认同，最终成功地解决了幕墙公司吊顶施工难题，赢得了分包单位的称赞。

四、及时沟通协调，促进全面履约

作为总承包单位，在处理好总包与分包关系的同时，更要注意处理好各专业分包之间的协作关系，掌握各施工节点变化，找准各专业工序接口，及时沟通协调，避免产生各专业相互牵制、影响进度的现象。

1. 加强分工协作，攻克关键工序难关

工程抬升裙楼悬挑平台为巨型悬挑钢桁架结构，由6类14榀主桁架纵横交叉组成。在悬挑平台的制作、安装、卸载过程中，需要土建、消防、幕墙、检测等多专业单位配合完成，项目部集中各方智慧编制了16个专项方案，并通过了专家论证，实现了6900件、总重约2.7万t、最大节点重173t的钢结构全部一次性吊装成功，保证了6~10cm的厚钢板、总计7600m长的现场焊接天衣无缝，真正实现了各个专业分包的完美组合、精诚协作。

2. 加强信息交流和传递，提高工作效率

为加强项目对分包协调管理，项目部制定了"三先三不"的管理举措。三先，即策划先定、计划先报、协调先行；"三不"即上道工序不完不交、工作内容不完不交、作业面不清不交。在塔楼10F-47F标准层施工过程中，施工内容涉及空调、给排水、电气、消防、智能、幕墙、精装修等16家专业分包单位，共112个工序之间的配合，工艺复杂，交叉配合点多，总包部针对这一现实情况，制定了操作性强的"五步"施工举措。

● 一是提前策划。在机电工程施工前对管线综合布置深化设计，对各专业管线的安装标高和各专业在墙体上预留洞口提前策划。

● 二是优化工序。让防火涂料按照划定的施工区域施工，为后续的幕墙施工、机电、消防穿插施工创造条件。

● 三是计划管理。施工中严格按照各专业的时间节点考核，完善各个衔接点工作面移交手续，及时纠正出现的计划偏差。

● 四是动态调整。严格按照既定计划组织施工，及时协调和移交关键线路上的施工作业面，并对出现的矛盾及时调整。

● 五是统筹协调。以全局观念统领，做到统一部署，统一指挥，统一行动。通过每周3次定时与各个专业分包召开工程协调会，检查计划实施进展，协调解决现场问题，保证施工有序进行。

3. 合理组织，均衡施工

在地下室结构施工中，项目部先施工Ⅰ、Ⅱ、Ⅳ区，将Ⅲ、Ⅴ区作为钢结构的材料堆放场地及行车路线，待钢结构地下部分施工完成后再施工Ⅲ区、Ⅴ区，既有效避免了劳动力数量不均衡现象，又保证了钢结构顺利施工和工期要求；由于本工程为型钢混凝土框架–钢筋混凝土筒体混合结构形式，主体结构施工过程中，关键线路上的工序达19道，且工艺特别复杂。在结构层施工过程中，为保证各工序能尽早插入，项目部将模板、钢筋工程分东、西两段错开1～2天组织小段流水施工，保证作业连续、均衡、有节奏推进；为满足核心筒剪力墙不留设施工缝的设计要求，核心筒剪力墙混凝土浇筑分东、西两段错开半天作业，每层可节约工期1.5天；并从第五个结构层施工开始，采用外架搭设、柱钢筋绑扎、楼板混凝土浇筑依次作业的立面大流水施工，连续10次创造了外框筒2天一个结构层的施工速度。这种有序、有节奏的分段施工，让整体计划高效推进，及早为机电安装及其他专业分包单位提供了作业面。

五、本项目施工管理的成效

工程项目总承包管理水平的高低直接影响项目履约的效果。项目部顺利完成三大节点目标，攻克了世界最大悬挑平台施工难题，没有发生质量事故和安全事故，主体结构验收一次性通过，质量优良。项目部还获得深圳市安全生产先进单位、深圳市安全生产与文明施工双优样板工地、2011年度全国AAA级安全文明标准化诚信工地等多项荣誉。深圳市建设局在工地召开了深圳市施工项目现场观摩会，住房和城乡建设部在工地召开了第三届中国建设工程质量论坛现场观摩会。项目部3项QC成果获评全国工程建设优秀质量管理小组，申报了五项专利；同时，项目还获得了深圳市青年文明号、湖北省青年文明号、中建总公司开展降本增效活动优秀项目等集体荣誉30多项，荣获各类个人荣誉70多项，其中2人荣获全国优秀项目经理。

诚信赢得尊重　履约筑造品牌

中建五局广东公司

一、企业品牌的建立源自诚信履约

当前，建筑市场由于进入门槛低，竞争越来越激烈。对于建筑企业而言，从业人员素质普遍不高，施工的技术含量也较低，为数不多的技术创新也很容易被其他企业模仿，难以持久。建筑企业的核心竞争力从何而来？我们认为，来自于企业的品牌。只有树立了品牌，才能为企业赢得尊重，并且难以为竞争对手所模仿。而品牌的建立，从根本上是源于对业主的诚信服务、优质履约。

企业只有干好每一个工程，不断提高业主的满意度，才能够锁定老业主，开拓新市场。对于以房建为主的企业而言尤为重要。品牌的建立是通过一个又一个工程逐步积累的，但毁掉一个企业的品牌，却只是一夜之间。我们身边经常有这样的同行，通过多年的努力，终于在市场上拥有了一定的地位，但就因贪图眼前利益，不顾企业品牌，工程质量低劣，甚至发生严重的质量安全事故，一夜之间倒下。因此，诚信服务、优质履约是一个企业的立业之本，是一个企业长远发展的基石，必须持之以恒。纵观五局这几年的发展，与其贯彻"以信为本、以和为贵"的"信·和"主流文化、诚信履约树立良好的市场信誉和品牌是分不开的。

二、五局广东公司的发展源于诚信履约

十余年来，中建五局秉持"以信为本、以和为贵"的核心价值观，竞逐广东建筑市场，先是以诚信经营在东莞站稳了脚跟，提高了知名度，进而辐射整个珠三角地区，拓展了广东市场，不断发展壮大。自2001年以来，五局广东公司保持了近十年的持续快速发展。公司四年内两夺"鲁班奖"，获得国家优质工程、全国市政金杯示范工程、全国用户满意工程、詹天佑奖等7项国家级奖项和30余个省部级质量奖项，公司连续8年进入中建总公司十大直属分公司行列，近几年综合排名荣列前三甲，企业美誉度不断提高。

五局广东公司起步于被业界视为价格低洼之地的东莞，公司以低价位竞争，高品质管理，通过金月湾项目等起到了极大的示范效应，树立了五局在东莞的品牌，又承接了东莞建筑面积近百万平方米的城市综合体项目，承建了东莞第一个鲁班奖工程——玉兰大剧院。近年来，广东公司在东莞建筑市场始终处于排头兵地位，连续8次被评为"东莞市先进施工企业"。

广东公司认为，为业主提供优质服务和优良产品就是最大的诚信。2004年五局承接东莞商业中心H5项目不久，钢材价格飙升，东莞市绝大部分项目不堪压力纷纷停工。五局当即表示，信守合同工期是我们的本分，风险再大也不能停工。一时间，中建五局的表现在东莞市传为美谈。再以最初的星河地产为例，广东公司力压群雄拿下cocopark项目，并信守承诺，严格履约，这才接下了最终创下鲁班奖的星河酒店项目，并衍生出深圳星河时代花园等项目和吸引到卓越集团的两个超高层，在2009年公司仅用一年时间就被评为卓越集团优秀合作伙伴。

三、五局广东公司诚信履约有完善的管理体系作保障

五局广东公司建立了从项目承接、项目策划到项目施工以及售后服务的全过程的管理体系，保证公司实现对业主的承诺。

（一）把好任务承接关口，从源头上保证履约

企业发展需要不断开拓市场承接任务，但承接任务的质量直接影响到后续施工过程中能否实现对业主的诚信服务、优质履约。如果盲目承接一些价格过低、垫资较多、风险较大的项目，虽然在短时间内完成了合同额的目标，却埋下巨大的履约风险。广东公司严格执行"大项目、大业主、大市场"的原则，在承接任务关口严格把关，不将合同额看成唯一目标，不断提高承接任务的质量，为工程施工过程中的优质履约奠定了良好基础。

近年来，广东公司重点承接优秀老业主的后续项目，承接市场信誉好、综合实力强的企业投资的项目，坚决放弃低端项目。在承接过程中，立足企业实际，不向业主作一些不负责任的承诺。对一些利润率过低、垫资额度高、经营风险大的项目敢于说不。正是因为把住了承接任务关口，广东公司才承接了一大批体量大、条件好、影响范围广的项目。

（二）高标准项目策划，超越业主履约要求

广东公司在项目开工之初，就要求项目部根据公司《项目策划管理办法》对整个项目质量、安全与文明施工、进度、CI、环境、技术全方位策划，并将策划目标写入项目部经济责任状中，将策划目标完成情况与成本节约奖挂钩。对没有实现的质量、安全、文明施工等目标进行扣罚成本节约奖。

在项目策划中，公司对项目的要求一般都高于业主的要求，例如，业主方在合同中仅要求工程质量合格即可，但公司会要求具备条件的项目争创省市级以上质量奖项。以深圳星河发展中心项目为例，该项目是广东公司2005年在深圳市中心区承建的标志性项目之一，建筑面积13万㎡。在

工程承接之初，公司就明确了"誓夺鲁班奖"的创优目标，并主动要求将这一目标写入总承包合同中。为实现这一目标，公司及项目克服了施工技术复杂、工期进度紧张、总承包水平要求高等困难，工程先后获得"深圳市优质工程金牛奖"、"广东省双优文明工地"、"广东省优良样板工程金匠奖"、"全国科技示范工程"等荣誉称号，并最终捧得2009年度"鲁班奖"。

创优并不是唯一目的，重要的是通过创优增强项目对质量的重视，实现优质履约，提高业主的满意度。2010年是广东公司的"精品筑造"年，公司提出了"公司项目质量安全普遍水平代表当地先进水平，项目质量安全先进水平代表当地最高水平"的奋斗目标，这对项目管理水平提出了更高的要求，也赋予优质履约新的内涵。

（三）实行项目监督，保证项目受控

广东公司从2005年开始，在五局率先推行《项目监督制度》及《项目经理行为记分制度》。公司派出两个监督组对分布在各地区的项目进行监督。监督内容覆盖项目开工准备、施工过程、竣工验收整个过程。开工阶段主要协助项目做好前期策划，预先找出施工过程中的重点、难点和关键点，编制监督计划，报公司备案；施工过程中主要监督内容包括分项工程验收、实测实量、项目人员职责履行、供方评价、项目经理行为记分、原材料抽检等；竣工阶段主要监督内容包括参与竣工验收、督促做好竣工资料、形成监督总结等。

项目经理行为记分是广东公司针对项目履约情况的一项重要的监督内容。公司规定一些主要事项为项目经理行为记分事项，项目经理如有违反，将按照记分规定予以记分。在项目部成立之时，由公司项目管理部指定的监督员建立项目经理记分卡管理。项目经理发生记分情况后，由监督员提出实际记分事项及分数，经公司项目管理部和分管领导确认后记入记分卡，记分结果与项目经理本人的成本节约奖挂钩。如项目经理一年内累计记分超过15分，当年不能参与公司所有评奖评优活动；累计记分超过30分，五年内将不能担任项目经理；累计记分一旦超过35分，项目经理就地免职。

公司每季度还对全公司所有项目进行一次质量安全综合大检查。季度检查完成后，集中召开一次所有项目主要管理人员参加的讲评会，对亮点和不足公开展示和讲评，互相学习借鉴，取长补短。

（四）实施样板引路，打造履约典型

为了提高项目的整体管理水平，广东公司又重点实施了样板引路制度。2008年之前，公司要求项目在分项工程施工之前，必须先做质量样板，项目对质量样板验收通过后，方可大面积施工。2008年以后，公司对样板引路提出了更高的要求，按照五局标准化管理的要求，全面推行标准化管理。

公司从两个层次打造样板。一是要在每个地区打造样板工程，成为当地的标准化示范项目，要求项目达到该地区公司学习的样板，同时也要达到当地的建设行政主管部门组织开现场会的样板项目。以2010年为例，公司在深圳、广州、东莞、珠海、惠州等地区确定了9个项目作为当地代表性项目打造样板工程。二是要求所有项目在开工时就必须从质量、安全方面作样板策划，施工前必须样板先行，所有分项工程样板经项目部验收通过后，还需上报公司监督员进行验收，通过后方可进入下一道工序。同时，公司还选定项目打造分项工程样板，并组织公司相关工程技术人员到现场参观学习，将之推广到全公司。例如公司在深圳卓越皇岗世纪中心项目打造外架分项工程样板，在中山国际金融中心打造高支模工程样板，在东莞商业中心H6项目打造天面防水工程样板……

广东公司样板引路产生了广泛的社会效应。2010年6月18日，惠州市惠阳区建设工程安全生产文明施工现场会在广东公司好益康总部项目召开。惠阳区所有建设单位及在建项目部200余人参加了现场会。好益康项目在标准化管理、样板先行、责任到人等诸多方面的成功做法得到了与会领导和行业人士的充分肯定。

2010年6月22日至25日，东莞市建筑施工企业安全防护、文明施工标准化经验交流会在东莞海德广场项目举行。来自东莞地区省内外建筑施工企业、监理公司、建设单位以及市建设局、安检站、各镇区城建办等共计247家单位1400余人到现场参观。主管部门要求将海德广场项目实行标准化管理取得的成果，在东莞地区大力宣传和全面推广。

（五）强化经济手段，严格奖罚制度

为了强化项目的履约水平，广东公司采用多种经济手段，规范项目经理部的履约行为。

在日常监督过程中，监督员对分项工程实测实量，使用不合格的原材料罚款5000元，各分项工程实测实量合格率未达到80%的，每降低一个百分点罚款100元。在项目施工过程中未经项目监督员验收合格后进行下道工序的，不仅要对项目经理每次罚款2000元，还要扣2分。

在季度综合大检查中，对所有项目排名。前三名项目给予经济奖励，后三名项目给予经济处罚，累计两次考核位列后三名的项目，对项目经理本人罚款2000元。

广东公司针对工程竣工后的质量保修也明确了项目部的经济责任。工程竣工后，公司根据工程量大小规定工程维修金的额度，并在考核兑现时提取预留。成本节约奖兑现时公司预留项目经理个人奖金总额的30%作为工程维修担保金。工程竣工后所发生维修费用超出保修金额度部分由项目经理个人承担50%。与个人经济相挂钩的保修制度，使每一个项目经理都能够在过程中严格控制工程质量，杜绝了项目经理因工程竣工移交业主就撒手不管的不负责行为。

广东公司于2009年对项目经理提出了"三个一万"的规定，即在保修期间出现一个渗漏点，对项目经理罚款一万；项目经理不遵守公司制度罚款一万；项目经理不遵守标准化罚款一万。"三个一万"进一步促进了项目的管理行为，提高了项目的履约水平。

回顾中建五局广东公司发展历程，我们总结出：企业发展必须建立品牌，品牌建立必须诚信履约，诚信履约必须有完善的管理体系作支撑。广东公司将一如既往地坚持诚信履约，打造优质品牌，一步一个脚印地走向"百年老店"。

10 打造专业履约能力　培育过硬管理团队

中建六局铁路公司

　　诞生于2008年年初的六局铁路公司，紧跟总公司基础设施业务拓展步伐，经过近三年顽强拼搏，初步打造了一支朝气蓬勃、敢打硬仗的管理团队，培育出较强的专业化履约能力。施工项目也从最初的哈大项目发展到哈大、石武、武黄、赣韶、沈丹和大花岭等六个项目同时在建，初步实现了六局铁路业务的跨越式发展。

一、六局铁路公司承担工程概况

1. 哈大项目

　　哈大项目是六局承担的第一条客运专线项目，全长21.287km，包括580个墩台、572榀箱梁架设和4联连续梁现浇，工程总造价约6亿元。2009年12月27日，六局哈大项目线下工程全部完工，箱梁架设完毕，4联连续梁按期合拢。2010年年初，六局哈大项目部又承担了京沈客专与哈大客专的并线、跨线施工任务，施工内容包括一座跨线桥和一座并线桥，工程造价约1亿元。并跨线施工任务的承接，既体现了哈大公司对六局铁路公司施工能力的认可，也是对六局铁路公司施工能力的又一次严峻挑战和考验。截至2010年年底，并、跨线连续梁按期合龙，确保了哈大客专年内铺轨完毕目标的实现。

2. 石武项目

石武项目是六局铁路公司承接的第二条客运专线项目，包括4.7km的线下工程和579榀预应力混凝土箱梁的制运架，工程造价约7.3亿元。900t预应力混凝土箱梁的预制是客运专线的核心技术之一。在制作质量要求高、制作时间要求紧的前提下，六局铁路公司于2010年5月15日完成了579榀箱梁的预制工作，并于2010年7月8日完成全部箱梁架设，比总公司指挥部计划工期提前10天，受到了总公司指挥部的通报表彰。

3. 赣韶项目

赣韶项目是六局铁路公司承担的第一条一级铁路，结构形式繁杂，几乎涵盖了所有的铁路构筑物结构形式，施工内容包括桥梁、隧道、涵洞、路基等，其中桥梁19座，隧道2座，盖板涵洞97个，路基土石方640万m^3，公跨铁立交桥一座，车站2个，线路总长26.728km，工程造价约4.2亿元。目前，该项目工程进展顺利。

4. 武黄项目

武黄项目是六局铁路公司承担的第一条城际铁路项目，包括206个双线墩台和46个单线墩台以及420榀预应力混凝土箱梁的制运架任务，项目总造价约7.2亿元。目前，该项目已经完成墩身150座，预制混凝土箱梁160榀，工程进度稳步推进。

5. 沈丹项目

沈丹客专项目是六局铁路公司承担的第三条客运专线。主要承担吴家堡子特大桥3.1km线下工程、1.8km路基及404榀双线箱梁制运架施工任务，工程总造价约4亿元。目前该项目线下工程已经全部启动，丹东梁场已经建成并已生产4榀成品箱梁。

6. 大花岭货场

大花岭货场是武黄城际铁路的配套工程，包括上下行疏解线、工业站和货场三个部分，初步设计特大桥3座、大桥1座、框架中桥3座、框架涵11座；路基2.975km、土石方626.59万m^3；铺设轨道31.7km，铺设道岔38组，架设接触网65.566条km；大花岭货场占地2200亩，是国内数一数二的铁路货场，国内只有上海闵行铁路货场可与之媲美，总造价约8亿元。大花岭货场的承接填补了六局铁路货场施工的空白。目前，大花岭货场项目经理部已经组建完毕，一旦地方政府交付土地，即可开展实体性施工。

经过近三年的快速发展，六局铁路公司已经拥有6个在建项目，合同额近40亿元；拥有两套完整的铁路客运专线箱梁制运架设备及其他铁路施工专用机械，造价达1.5亿元；自有职工560人，其中管理和技术人员达380人；组建了6支成建制的"架子队"，人数达980人，具备了承担一定规模铁路施工任务的能力。

二、六局铁路业务快速发展的原因

1."快"字当头，先声夺人

六局铁路公司从成立之初，就把"保履约"放在第一位，将"保履约"中的"保工期"作为头等大事来抓。在六局铁路公司承担的六项在建项目中，"保工期"始终是贯穿项目管理的一条红线。

2007年8月份，总公司中标哈大客运专线，这是总公司首次中标高端铁路建设项目。为干好哈大线，为在哈大线上展现各参建单位的品牌实力，各参建单位均派出了精干的施工人员。此时，哈大线上云集了中建、中铁、中交等三大集团公司22家局级施工单位，哈大线变成了一个22家局级施工单位同台竞技的大舞台。相比于其他兄弟单位，六局的实力并不突出。我们根据铁路工程的施工特点，制定了"以快制胜"的策略。从上场之初，即以百米冲刺的速度抢建实验室、拌合站，抢做混凝土配合比，采用"以租代征"的方式尽快从农民手中取得土地，从而较快的掌握了施工主动权，打开了施工局面。到2007年年底，六局以施工产值和形象进度两项总公司内第一，质量信誉评价总公司内第二的好成绩，初步实现了"保二争一"的奋斗目标，彰显了中建六局铁路新军的形象！

石武项目上场时，依然秉承了哈大项目"以快制胜"的策略，处处高起点布局、高标准施工、高速度推进，较好地兑现了各重大节点目标，在总公司石武项目部多次荣获综合评比第一名，赢得了股份公司领导的高度赞誉。其中，石武梁场于2010年5月15日完成全部制梁任务，于2010年7月8日完成全部架梁任务，比总公司指挥部要求工期提前10天时间。总公司指挥部为此特意向六局发来了贺信。目前，石武梁场的机械设备已于2010年9月29日全部安全转场至天津和沈丹项目，正在继续发挥着应有的作用。

2. 顾全大局，勇挑重担

在维护总公司品牌形象方面，六局一向是不讲条件，不讲价钱，顾全大局，勇挑重担。2008年9月份，哈大线兄弟工程局施工进度一度遇到了暂时性困难，根据总公司指挥部要求，六局哈大项目部由一名副经理带队，抽调部分精干人员组成突击队，紧急驰援相临兄弟局项目经理部，经过一个多月的突击抢工，扭转了兄弟工程局施工的被动局面，维护了总公司的品牌形象，得到了总公司指挥部领导的高度赞赏。

2010年4月份，已经架梁完毕的哈大项目遇到了一块"硬骨头"——并线设计，需增加钻孔桩283根，承台墩身23座，刚构连续梁22孔，简支梁7孔，共需钢筋7000余t，混凝土6万m³。如此巨大的工作量，需要在短短的六个月内完成，施工难度可想而知。面对如此艰巨的施工任务，六局铁路公司没有丝毫推诿，为了股份公司的荣誉，项目部不等不靠，主动出击，迅速组织4台450t提梁机进场安装，快速优质完成存梁场建设并平稳完成12座墩身承台的爆破拆除，没有造成任何不良影响。为确保工程进度，不影响哈大线总体铺轨工期，我们一次性投入钢模板920t，连续梁支架4650t，垫付现金2860万元，高峰期投入劳动力1100人，克服了场地狭小、工序繁杂、施工干扰大、原材料供应紧张、地材涨价及冬季恶劣气候影响等不利因素，仅用了四个半月，于2010年11月12日20时30分圆满完成最后一联连续梁混凝土的浇筑，代表总公司啃下了哈大线最硬的一块"硬骨头"，为哈大公司2010年完成全线铺轨目标打下了坚实基础，为中建股份赢得了荣誉。

3. 阳光采购，杜绝漏洞

铁路项目投资巨大，尤其是大宗物资和大型施工专用设备，动辄上千万元，稍有不慎，就会给企业带来数十万上百万的损失，为了堵塞铁路施工中大宗物资和大型专用施工设备采购中的漏洞，六局在局层面成立了物资设备采购管理部，统筹管理大宗物资和大型专用施工设备采购；在具体操作中，则坚持"货比三家，阳光采购"的原则，同质量比价格，同价格比质量。

首先，通过实地考察，货比三家，再三比选后确定若干家合作方；其次，进行公开招标；开标时，邀请局项目管理部、成本管理部、物资设备采购部和局纪委参加，确保招标过程公开透明；最后，择优确定中标单位。自2008年六局铁路公司成立以来，对大宗物资和大型设备全部采用招标采购。截止至2010年10月底，六局铁路公司先后招标采购铁路客专900t箱梁制、运、架设备50余台（套），箱梁模板18套，累计投资1.5亿元，累计节约成本逾千万元。

4. 夯实基础，科技创新

中国的高铁已经达到了486.6公里/小时的时速，这个速度已经远远超过了飞机的起飞速度。如此高的时速，对线下工程的要求十分严格，甚至可以说到了苛刻的程度，铁道部的要求是工后"零沉降"。

为了确保项目的安全质量，我们主要做了以下几项工作：一是健全制度，落实责任。根据各项目的重点、难点制定完善了安全质量保障制度和质量终端责任追究制度，有针对性地编制了连续梁专项施工方案、箱梁架设专项施工方案等安全生产管理方案，从制度上、措施上明确要求。二是加强培训，提高素质。针对客运专线高起点、高标准的施工特点，要求各项目部围绕客专的验标、规范、施工工艺、技术标准加强学习，并不断到现场实践，提高解决实际问题的能力。同时督促指导各施工队加强工人进场前的安全质量教育，使所有参建人员都受到必要的安全质量教育培训。三是过程控制，不留死角。从施工方案的制定、交底，到检查、实施，最后再到整改、验证，认真做好每一步工作。坚持全面排查和重点整治相结合。坚持横向到边，对所有施工点仔细梳理；纵向到底，对每一道工序认真排查，确保严格落实，杜绝管理盲点。

在抓好常态性的安全质量管理工作的同时，尤其注重科技创新对工程施工的促进作用。各项目开工之初，公司都要求项目部成立科技攻关小组，针对施工中出现的技术难点和严重制约工程进度和质量的瓶颈工序组织技术攻关，开展科技创新活动。公司成立三年来，各项目科技攻关小组分别对高性能混凝土配合比设计、大跨度预应力连续梁悬灌浇筑施工、CRTS I 型板式无砟轨道板铺设技术、特殊地质条件下钻孔桩施工技术等课题进行技术攻关，并撰写论文15篇；编制了《大跨度预应力连续梁悬灌浇筑施工工法》、《客运专线900t简支箱梁运输及架设工法》等工法5篇；并对铁路客运专线无砟轨道凸形挡台定位器及其定位系统、悬灌连续梁边墩直线段托架等6项小发明申请了专利，其中，《客运专线CRTS I 型板式无砟轨道施工技术》获六局科学技术进步一等奖、《悬灌连续梁边跨直线段预应力铰座托架施工技术》获六局科学技术进步二等奖。

5. 绩效考核，奖优罚劣

六局铁路公司成立三年来，人员从最初的30余人发展到自有职工560人，其中管理和技术人员达380人，三年人员扩张近19倍。企业规模的急剧扩大，为企业管理，尤其是人员管理带来很大的挑战。如何使这些受教育程度不一、工作背景迥异的人员团结在中建股份的大旗下，为了一个共同的目标，和衷共济，拼搏进取。我们的做法是：除了不断对员工进行企业文化教育，培育员工的企业认同感之外，还推行了一套行之有效的"绩效考核"管理办法，调动了员工的积极性，稳定了职工队伍。

铁路公司的绩效考核管理办法设计思路为：按照传统的人才判定标

准"德能勤绩"四个方面，运用绩效考核的表格设计，由被考核人员的直接上级和间接上级分别打分，按照不同权重汇总，最后按照得分多少排序，将公司员工分为不同档次，为科学合理管理公司员工提供依据。

六局铁路公司的"绩效考核管理办法"中与众不同之处是引入了纠错机制。这主要是考虑到公司成立时间比较短，干部缺乏，且水平参差不齐，为防止某些不称职的中层干部"压制"年轻人而特设的。具体做法是：部门领导对职员的考核打分是不确定的，只有当部门领导考核为A级时，他的打分所占比重才为70%，而随着部门领导的考核得分越低，他对职员的打分所占比重也就越低，相应的项目领导对职员的打分所占比重也就越高。通过这种纠错机制，就可以比较正确的反映一个职员的真实水平。

公司明确规定考核A档员工，作为公司（项目）各部门领导岗位后备人员，在晋级、升职方面享有优先权，按照公司薪酬管理体系，可以越档晋级；B档员工作为公司（项目）的中坚力量，随着公司的发展而进步，有权享受公司发展的成果，在公司调整薪酬时，可以按照公司薪酬管理体系逐级调整薪酬；在公司（项目）部门领导不足时，可以在B档员工中择优选用；C档员工在"德能勤绩"某一方面存在明显不足或综合评价得分不高，建议该类员工要加强自身修养，迅速赶上公司发展的步伐；公司（项目）在晋级、晋升方面暂不予以考虑；个别人员考虑降级使用；D档员工坚决辞退。

"绩效考核管理办法"推行以来，有效地激发了全体员工，尤其是青年员工的工作积极性，营造了蓬勃向上的良好氛围。

6. 党政团结，共建和谐

企业党建工作的重心就是要服务于经济建设这个大局，建筑企业的中心工作就是施工生产。铁路公司党委一班人在围绕施工生产抓党建方面，主要做了以下几项工作：

● 一是抓好项目党组织建设。铁路项目大多远离城市，生活条件艰苦，流动性强，为了始终保持党组织在项目上的政治核心作用，铁路公司党委坚持"项目承揽到哪里，就把党组织建设到哪里"。因此，我们在项目上场时，要求项目经理部与项目党支部同时建立，项目经理和项目书记同时配备，从组织上保证党的建设扎根在基层。根据公司生产经营的实际情况，铁路公司目前设立了9个党支部，在凝聚人心，鼓舞士气，带领全体职工圆满完成各项施工生产任务方面均发挥了核心作用。

● 二是抓好班子建设。领导班子建设最重要的就是团结，只有领导班子团结了，才能有好的工作作风，才能带出好的队伍，也才能干出好的成绩。因此，铁路公司党委在项目班子配备时，重点选择那些懂技术、会管理、政策水平高，在群众中有威信的同志担任项目书记，在抓好职工思想政治工作的同时，配合项目经理抓好施工生产，防止支部书记被边缘化。

● 三是抓好制度建设。建立、健全党组织生活制度，坚持每月一次的班子成员集中学习制度，坚持半年一次的班子民主生活会制度，在班子中充分发扬民主，维护集中统一，建立交心、通气制度，班子成员互相尊重、互相理解、互相支持，从而增强了班子的整体合力。

● 四是倡导"只为成功找方法，不为失败找借口"的六局工作理念，在"创先争优"活动中充分发挥党员的先锋模范作用，要求党员同志立足本职岗位搞"争创"，结合各自工作实际，以岗位评比、项目部月度评比、兑现节点目标、质量信用评价、开展百日大干等活动为载体，灵活开展"创先争优"活动，努力营造大干快上的氛围。

● 五是关心职工生活，解除职工后顾之忧。公司党委和工会组织，积极倡导各项目部在进场之初就坚持建设高品质的"和谐之家"，建设整洁划一、设施齐全的办公室、职工宿舍、活动室、餐厅、淋浴室等，为职工提供舒适的生活、办公环境，让职工能够安心施工生产一线。各项目部党组织还坚持为职工过生日、做生日餐，多次为青年职工操办婚礼，逢年过节慰问职工家属等活动，让职工感受到企业大家庭的温暖。对引进的部分高级管理人员，公司党委主动出面帮助解决子女入学、落户等难题，解除他们的后顾之忧，使他们能够全身心地投入工作。

　　三年来，六局铁路公司从无到有，从小到大，走出了一条跨越式发展的道路。公司先后获得"全国学习型先进集体"、"中国建筑品牌贡献奖"、总公司"降本增效"先进集体、天津市"创先争优"先进集体等荣誉称号，在铁道部组织的历次质量信誉评价和中建系统内部综合评比中屡创佳绩。

创新发展模式　强化BT项目履约管理

中国建筑第七工程局有限公司

一、背景：战略转型

2008年，面对国际金融危机冲击和单一的施工承包经营模式给企业造成的生存危机，中建七局领导班子审时度势，迅速转变思想、更新观念、明确思路，积极筹划企业发展大计：制订了"3+5"战略规划，提出了"建筑专家、城建伙伴、开发典范"的品牌定位，确立了以"资本性经营拉动生产性发展，以融投资带动总承包"的企业转型战略，采取多种经营模式解决制约企业发展的瓶颈问题。对于七局来说，转型，即走一条投融资带动总承包业务发展的新路子，是发展中的必然选择。

二、履约：八个结合

BT模式，即建设——移交，是基础设施项目建设领域中采用的一种投资建设模式。在BT项目的具体实施过程中，我们着重把握了"八个结合"：

（一）将央企的政治优势和整体实力与地方城市建设需求相结合，惠及城市民生

七局的融资建造项目均是当地政府急需建设的公共基础设施项目，

是当地的民心工程和民生工程，故地方政府和七局领导十分重视，结合当地城市建设需求，七局积极发挥央企的政治优势和整体实力，在框架协议签订后，随即成立项目公司，建立健全了公司组织架构，成立了强有力的领导班子，设置了财务部、工程部、合约部及综合办公室共三部一室。财务部负责筹融资、资金的运营和使用工作；工程部负责进度、质量、安全、文明施工管理，技术管理，生产协调，工程量核实等工作；合约部负责合同管理、计量支付和内部招标等工作；综合办公室负责后勤管理和综合协调工作。并迅速建立了工程、商务、财务等管理制度，形成分工明确、沟通顺畅、密切协作、措施有力的管理组织团队。

七局始终坚持"诚实守信、有诺必践"的合作原则，让地方政府和市民真正地感受到和大型央企合作，资金、技术、进度、质量等都有保证，建立起了良好的互信关系。七局对地方政府高度负责，使政府兑现了对市民的承诺，惠及了城市和民生。

（二）将合法合规运作与规避项目回购风险相结合，构建合作基础

BT项目采购的合法文件，是项目合法、合规运作的重要保证和项目回购的重要依据，更是规避项目回购风险的基础性资料。项目公司积极和政府及相关部门对接，及时督促完成项目回购的合法文件，确保项目合法合规，构建了良好的合作基础。

（三）将规范管理模式与创新相结合，破解执行障碍

项目公司坚持将规范管理模式与实践过程创新相结合，破解执行障碍。项目公司通过建章立制，明确职责，强化管理和落实，使各项目的进度、质量都处于受控状态。在项目实施过程中实现了两个方面的工作创新：一是为规避股东投资风险，实现了"以应收账款质押"的保证模式；二是以"项目预算的阶段性财政评审"条款加快了项目交工后决算办理的进度。

（四）将高端切入与分层对接相结合，培育融洽氛围

项目公司本着诚信共赢的原则，将高端切入与分层对接相结合，通

过实施"过程精品、强化服务"的措施，取得了较为理想的效果。

（五）将自有资金与配套金融资源相结合

融资建造业务首要的核心问题就是筹融资，只有筹融资到位了，才能保证工程建设资金的需求。项目公司将自投资金与配套金融资源相结合，通过与融资银行沟通和谈判，取得了中长期综合授信，满足了银行配套资金需求，保证了工程建设资金的需要，且随着投资额的增加，能够及时按需注入资本金和申请增加贷款。

（六）将全面投资管理与单个项目施工总承包管理相结合，保障项目全面履约

1. 全面投资管理

做好项目的投资管理是确保项目顺利回购和带动主业协调发展的重要保证。

（1）招标选择优秀施工单位；

（2）抓好资金的管理和使用；

（3）领导及各职能部门全力支持和帮助。

2. 工程总包管理

融资建造必须通过建造这个实体业务才能表现出来，其中最核心的就是做好单个项目的施工总承包管理。项目能否按期交付使用，直接关系到能否顺利进入政府回购程序，因此"强化工程总包管理、确保按期履约"是项目成功的关键。

（1）项目公司依据总包合同，坚持过程控制，积极做好管理、协调、指导和服务工作，同时做好和当地政府、各职能部门、责任单位等相关单位的沟通协调工作，确保项目关键节点按期完成。

● 一是加强对项目的施工进度、质量、安全、文明施工等管理和协调。通过采取制定工程管理办法、下达节点计划、召开月度生产调度例会和现场会等措施促进工程进度，保证了质量和安全。同时根据施工需要，项目公司随时召开项目经理、商务经理、财务经理等专题会议，做

到"大事不拖延、小事不过夜"，促进了工程顺利进展。另外，还积极做好外部沟通协调工作，为项目施工创造良好的外部环境。

● 二是做好指导和服务工作。根据工程进展，及时下发相关文件指导和提示，督促各项目部提前做好施工准备工作；针对工程的关键工序或重点部位，施工前及时组织有关专家和相关人员召开施工方案专题研讨会，确保施工方案科学、可行、可靠；在关键部位施工时，项目公司分管领导亲临现场指导监督施工；对接好设计代表，组织好施工图交底和过程中设计服务工作；对接好政府监督部门和监理单位，及时组织项目交竣工验收工作。

（2）承建单位对所承建项目实施全方位、全过程的管理。

● 一是各单位从人力、物力、财力方面全力支持项目部的工作，定期对项目实施全面检查，及时解决项目存在的问题，必要时派驻公司主要领导深入项目一线蹲点办公，解决项目施工生产中出现的实际问题。承建单位的领导主动对接政府责任单位，加强沟通和协调，争取责任单位的支持和帮助，为项目施工创造良好的外部条件。

● 二是各项目部均实行了价本分离制，签订了管理目标责任书，缴纳了风险抵押金，大大地提高了项目部管理人员的责任意识和工作积极性，施工成本控制效果良好，项目员工个人也有较理想的收益。项目部工作主动性强，促进了工程进度。各项目部均制定了完善的质量、安全保证体系和应急预案，并责任到人，保证了质量和安全。

无论是项目公司还是承建单位，分工明确、紧密配合，互相帮助、资源共享，一切从大局出发，发挥整体优势，积极推进项目进展。

（七）将实施进程与全过程风险防控相结合，确保投资回报

为了最大限度控制投资建设风险，确保项目投资回报，项目公司在局总部的指导下认真分析了可能出现的五大风险，制定了切实可行的投资风险防范措施，依据各阶段的潜在风险采取相应措施来规避或转移投资风险，实施全过程风险防控管理。

1. BT项目立项及支撑性文件审批风险。政府逐步完善BT项目的立项、工可、环评、土地、规划、招标、施工许可等支撑性文件审批手续。

2. 融资风险。项目公司和各意向合作银行采取多渠道、多种形式的合作方式，签署了合作意向，并积极申请了贷款授信，保证了项目的贷款需要，避免了因贷款不到位或贷款额度不够而影响工程建设的风险。

3. 工期风险。在履约过程中的最大风险就在于各项目能否按BT合同约定如期交付使用，避免各种因素造成的延期风险，主要采取了措施规避工期风险：

（1）强化管理、加大投入、严控计划节点，确保合同工期实现；

（2）在BT合同中约定，工程的征迁、协调等前期工作由政府负责；

（3）根据工程进展情况及时拨付建设资金，促进了工程进度，避免了因资金不到位造成的延期风险。

4. 工程质量、安全风险。项目公司始终坚持"过程控制"，狠抓生产管理，确保工程无质量、安全事故发生，规避了工程质量、安全风险。另外对在建的BT项目均购买了工程保险，规避因意外因素造成的损失。

（八）将企业"共赢"文化与廉政建设相结合，打造正气氛围

项目公司将企业"共赢"文化与廉政建设相结合，树立"共赢"理念，打造正气氛围，坚持以"共赢"文化导航，用廉政建设护航，确保项目健康有序发展，提升企业美誉度。

1. 认真践行工程局的"共赢"文化理念，积极承担"为股东增值、让客户满意、与员工共享、同社会和谐"的企业使命。在对外业务活动中，大力宣传"共赢"文化，"共赢"文化宣讲活动适时走进BT项目，在施工现场隆重举行宣讲仪式，经当地新闻媒体报道后，树立了七局良好形象，大大提升了七局的知名度和美誉度。

2. 为确保实现"工程优质、干部优秀"目标，项目公司制定了廉政建设管理制度，建立了廉政建设组织机构，细化了职责范围，明确了主要任务和目标。以局纪委组织的"廉洁文化进项目暨效能监察"活动为

载体，项目公司与各项目部签订了廉政建设责任状，形成一手抓好工程建设，一手抓好廉政建设的工作机制，起到了保驾护航作用。

三、成果：六大效应

通过A市BT项目的成功履约管理，产生了六大效应。

（一）品牌效应。通过全体参建人员团结协作、顽强拼搏，以一流的管理、一流的速度、一流的质量显示了"中国建筑"的管理水平和技术实力，各大媒体报道项目建设盛况和融资建造模式带来的双赢结果，融资建造模式受到了社会各界的广泛关注和充分肯定。一座座标志性建筑，使得"中国建筑"品牌和实力得到充分彰显，得到地方政府信任，为企业进一步拓展融资建造和施工总承包业务奠定了良好的基础。

（二）市场效应。良好的合作氛围下，七局还相继承接了政府廉租房、公务员小区、商业住宅小区等施工总承包项目，实现了融投资带动总承包的构想。

（三）社会效应。七局积极承担央企社会责任，参与地方社会公益事业，以实际行动为地方做贡献。

（四）经济效应。通过开展融资建造业务，使七局的经济实力和施工水平不断提高，企业经营规模和经济效益实现了质的飞跃，凝聚力明显增强，企业形象明显提升。拓展了经营渠道，带动了施工总承包、房地产开发等业务的发展，使企业对市场的驾驭能力越来越强，从根本上实施了战略转型。

（五）双赢效应。通过实施融资建造业务，产生了良好的品牌、市场、社会、经济等效应，提升了员工责任心、履约意识和精品工程意识。地方政府完善了城市功能，提高了城市品位，加快了城市发展步伐，为地方招商引资工作发挥了良好的筑巢引凤作用，达到了合作双赢目的。

（六）循环效应。项目公司依照合同约定，按期回收政府采购款和建设期利息，回收资金首先按贷款协议约定及时归还银行贷款，和银行形成了诚信履约的信贷合作关系。余下的股东资本金和投资收益，用于企业拓展新的BT项目，形成良性循环。

实施总承包管理　提升企业核心竞争力

——中建八局总承包管理模式的实践

中国建筑第八工程局有限公司

　　随着我国建设市场的深刻变化，总承包管理理念已不再是一般意义上施工总承包的重复叠加，它区别于一般的土建承包和专业承包，这种模式把过去局限的施工阶段的项目管理跨越到了工程建设的全过程，施工内容仅为主体加部分专业施工，但合同工期却涵盖自有施工、业主指定分包、独立分包的所有建设内容，责、权、利的不对等给总承包管理带来了难度和挑战。为充分落实法人管项目，八局以施工总承包为突破口，服务领域向前后延伸，立足于当前施工总承包向工程总承包管理跨越和转变，提出以工期为主线，全面构筑了总承包管理体系，在总承包管理理念、方法等方面作了大胆尝试和探索，走出了一条具有八局特色的总承包管理模式。

一、总承包管理的探索

　　八局早在20世纪80年代末就对总承包管理进行了初步尝试和探索。1988年，八局对天津环美家具工业厂房工程实行了勘察、设计、采购、施工全过程的EPC工程总承包，取得了良好的效果。1992年承建的潍坊富华游乐中心，由八局中建设计院与总承包部联合组建项目部采用设计、施工一体化（D-B）工程总承包；1996年阿尔及尔松树俱乐部、2000年上海重机厂房，均采用设计—采购—施工（EPC）工程总承包，都取得了较好的经济效益和社会效益。

2003年建设部颁布《关于培育和发展工程总承包和工程项目管理企业的指导意见》，不仅为实施总承包管理指明了方向，还极大地推动了八局总承包管理工作，承包方式从施工承包、专业承包向施工总承包、项目管理总承包转变。2005年八局颁布了《中建八局总承包管理实施手册》，对总承包管理的概念、理念、原则、方式和方法都作出了明确规定。同年东莞康华医院为全国六个部级总承包管理示范工程之一，为全局实施总承包管理提供了高标准、高版本的样板工程。涌现出深圳大运会、利比亚20000套住宅、大连国际会议中心、昆明机场、南宁会展中心、济南奥体、大连裕景大厦、深圳大运会体育场、昆明新国际机场航站楼、东汽办公大楼、沈阳万达、上海世博会场馆等一批总承包示范工程管理行为规范、运行效果好、影响力大，在质量、进度、安全、CI等方面都处于一流水平的项目。这些项目充分显示了八局总承包管理集成化的专业协作优势和技术优势，确保了高、大、精、尖、特等重点工程优质、高效、高速的完成，得到了政府和业主的肯定和赞誉，为全局深入开展总承包管理提供了理论基础和实践性经验。

八局实施总承包管理的几种主要模式：

G-C施工总承包+业主项目管理：昆明机场、广州利通大厦、裕景大厦、深圳大运会工程、万达系列工程等。

EPC工程总承包：江苏顺大多晶硅、利比亚2万套住宅、成都东区音乐广场等工程。

MPC项目管理：天津泰达会展中心。

BOT工程总承包：长春至农安高速公路。

P-C工程总承包：大连文化广场、南宁会展中心。

BT工程总承包：吉林污水处理厂、广西体育中心二期、上海东方万博广场、安徽铜陵高速公路。

融资建造方式：营口港原油储库项目二期项目。

代建制：四川东汽德阳住宅二期。

总体看，八局实施工程总承包的项目为数不多，更多的则定位在施工总承包。虽然在一定时期内这种模式将处于主导地位，但从发展的角度看，施工总承包的效益差、利润低，企业停留在低层次竞争。只有积极培育和发展智力密集型的工程总承包，提高企业核心竞争力，抢占高端市场，才能保证企业的可持续发展。

二、培育和发展总承包的主要做法

（一）积极引导和实施总承包管理，落实法人管项目

一是明确了培育和发展工程总承包的发展战略；二是局和公司成立了两级项目管理委员会，明确了各级的管理职责，构建了总承包管理组织保证体系，理顺业务管理流程；三是发布了《中建八局总承包管理实施手册》，明确了总承包管理的理念、组织形式、管理原则、管理方法，建立了完善、统一的总承包管理标准；四是制定总承包项目管理目标责任书，明确责、权、利，全面落实总承包管理目标责任制，强化法人对项目的监控力度，提升总承包管理能力，重点做好对合同签约权、资金使用权、资源配置权、项目考核权等关键要素的控制监督，实现对项目的全过程、全方位监控，规避了施工风险，规范了总承包项目管理行为。

（二）实施"一个试点，两个一批"的总承包发展战略

自实施"一个试点，两个一批"发展战略（一个部级总承包试点工程，两个一批是局和公司两级总承包示范工程）以来，通过试点引路，示范带路，总承包管理高起点、高质量、高标准的树立典型、规范运作，辐射和带动了周边项目的总承包管理水平的提高。

2006年4月中建八局获得全国总承包先进企业称号。康华医院作为部

级工程总承包试点项目在建筑市场不规范的背景下为八局实施工程总承包的提供了实践经验。

北京机场、昆明机场总承包管理力度大，组织协调能力和服务意识强，工期控制好，社会效益高，在当地树立了品牌。

南京奥体中心是全国"十运会"主会场，通过实施总承包管理，不仅缩短工期，保证"十运会"的顺利召开，而且取得了很高的社会赞誉和社会效益。

南宁会展二期赢得业主的信任，以P-C（采购+施工总承包）工程总承包模式，保证了"南博会"的顺利召开，取得了较高社会信誉与经济效益，为采购+施工工程总承包管理模式积累了经验。

上海华为、天津泰达市民广场以施工总承包为突破口，实行全员风险抵押，在成本控制方面取得较好的经济效益和社会效益，以实际行动证明了只有实施总承包管理，才是创造利润增长点的有效手段。

大连文化广场总承包项目部实施专业责任工程师制，为采购+施工总承包的工程总承包管理模式作出了重要的实践性探索。

南京万达、沈阳万达、深圳大运会、昆明新国际机场航站楼、大连裕景、大连国际会议中心等项目，探索出了一条"施工总承包+业主的项目管理"的总承包管理的新思路。

通过局和公司两个层次的示范引路，全局树立了"服务业主，无分外之事；管理分包，无不管之事"和"总包负总责，竣工交钥匙"的总承包管理理念，以点带面，全面提升了全局总承包管理整体水平，同时也培养出一批熟悉总承包管理、具有丰富专业知识和协调能力的总承包管理人才。

（三）编制总承包管理手册，规范总承包管理行为。

2005年八局颁布《总承包管理实施手册》。《手册》从项目角度出发，共分26章节，立足于当前施工总承包管理模式向工程总承包模式转变，内容涵盖设计、采购、施工、试运行，重点阐述了总承包项目管理策划及风险识别、设计与施工等多专业立体交叉管理的组织与协调管理等，将理论研究、实践经验、行业规范及体系文件有机结合在一起，突出专业性、系统性和实用性，为总承包管理起到重要的指导作用，尤其是为项目经理提供一本实用的操作手册和管理范本。

（四）一到位、三集中的优化资源配置

1. 推行专业责任工程师到位制，强化对专业分包的管理。

推广专业责任工程师是在推行总承包管理模式中摸索总结出的管理经验。专业责任工程师制的核心是按专业设置，每个专业责任工程师都集中精力把本岗位工作管全、管细、管深、管到位。要求责任工程师在项目经理的带领下，具体负责项目的某一区域或某一分部分项工程从计划、技术、质量、安全、合约到生产等方面的全面组织、协调及对分包的专业化管理水平。通过责任工程师制度的推行，理顺了项目总承包的管理程序，优化了总承包管理的流程。实践证明，推行专业责任工程师提高了总包对专业分包的管控能力，同时培养一批从报价、签约，到现场管理、质量验收等方面都具有较高管理素质的专业复合型人才。

2. 有效集中资金管理，提高资金使用效率。

坚决实施资金集中管理，对项目资金实行"收支两条线、资金集中管"的管理模式，在各主要经营区域和直营公司设立10个结算中心，代表局统一集中资金，按指令划拨资金（项目部不设收支账户）。有效的资金集中管理，不但提高了资金的使用效率，为结构调整、项目投资、银行授信、提升企业信誉奠定良好的基础。同时，为实行大宗材料集中采购提供了保障。

3. 树立"大劳务、大供应商"管理理念，实现集约增效

通过多年的努力，建立了分包资源库，其中合格分包商2657家，专业分包1942家，劳务715家，为施工生产提供保障，为实施总承包提供有力支撑。2010年，全局合格供应商8890家，合格租赁商384家，大宗材料集中采购率达到93.26%。

（五）保工期、树信誉，提高履约能力

1. 牢固树立抓工期就是抓效益、抓信誉的理念

重点加强工期管理，提高工期履约率。项目管理人员牢固树立抓工期就是抓效益、抓信誉的理念。注重项目策划，特别是工期策划：计划与资源配置同步，加强对影响工期要素的管理，如技术方案、施工组织流程、劳动力组织管理、物资采购进场、设备配置，以及项目人员发现问题解决问题的及时性、准确性等。实行"基础、主体、竣工"三大节点的过程考核和工期预警制，极大地提高了工期履约能力。

2. 创新管理模式，推行风险抵押制，确保工期

近年强力推行项目风险抵押制，有效地提高了项目管理人员的积极性与责任心，激发项目团队的原动力，收到了显著的成效。2010年，全局新开工项目标价分离率为100%，项目责任书签订率为100%，项目风险抵押制推行面为95%。项目实行全员风险抵押制促进了项目的履约能力，确保了工期。

3. 以技术为手段，双优策划增效益，缩短工期

把"双优化"作为降本增效最为直接有效的手段，"双优化"措施均以降低施工成本、缩短工期为主要目标。项目以成本管理为主线，推进项目策划、计划、精细化管理的要求，从技术、工期及合作双赢的角度出发，加强与设计院及业主的前期沟通，利用专业优势实施双优策划，不仅彰显了技术优势，而且兑现了合同承诺，缩短了工期。

4. 为专业分包创造条件，化解工期风险，确保履约

站在总包高度、业主的角度，当好项目"大管家"。充分利用总包地位，主动为专业分包搭建项目进度、质量、安全等科学管理平台，化解工期、质量、成本等工程履约风险，提高了履约能力。

（六）强化过程监督和竣工考核，兑现项目承包责任

为规范项目管理行为，鉴定项目管理水平，确定项目成果，制定了《重点工程管理办法》、《项目管理考核与评价办法》。局和公司两级定

期对项目考核评价，以定量考核为主（工期、质量、安全、成本、回收款），定性考核为辅（三大体系、过程管理资料）。对管理达不到要求或经济指标出现明显偏差的，提出警示，必要时调换项目班子或项目经理，避免项目造成亏损"黑洞"。工程项目竣工后，总分包结算已经审定，实际成本已经核准，债权债务已经确认，进入兑现考评程序。经考评后符合兑现条件的，实施兑现。

（七）构筑"一个平台、两个层次"总承包管理平台，全面提高总承包管理水平

以信息化为手段，创新管理模式是八局这几年总承包管理方式方法的新突破。2004年推行工程项目管理信息系统，构筑了"一个平台、两个层次"（一个平台：总承包项目管理平台，两个层次：企业层与项目层），使局、公司及各个项目部科学有效地、整合在一个项目管理平台上，缩短了管理链条，实现了总部对异地项目的零距离沟通。

工程项目管理信息系统的应用，不仅改善了总承包项目管理的现状，使各区域分散项目的资源得到系统管理与整合；而且建立了工程总承包系列化专业数据库；形成了机场系列、会展系列、奥体系列、医院系列等专业资源库；实现了数据资源共享和企业资源的再利用，有效推进总承包管理资源跨地域、跨项目、跨部门的协同运作，实现了项目与项目、项目与企业的零距离沟通，尤其是企业资源管理得到了系统的集成化整合，提高了对市场的快速反应能力。

（八）全面推行总公司《项目管理手册》，总包管理进一步标准化、精细化

2010年把《项目管理手册》宣贯作为工作重点，新开工程强制性推行，下半年新开工程《项目管理手册》执行率100%。《手册》中的三个基本文件（项目策划书、目标责任书、实施计划）和三个基本报告（项目经理月报告、商务经理月报告、每日情况日报）规范了总包管理行为，加强了法人对项目运行过程的管控力度。

三、进一步加强总承包管理，提升核心竞争力的几点思考

（一）以《项目管理手册》为指南，建立强有力的总包管理体系，形成总承包的组织管理优势。

总承包管理是国际通行的工程建设项目组织实施方式，更是提高建筑企业核心竞争力的有效途径。因此，以总公司《项目管理手册》为指南，统一思想，提高认识，以总承包管理为主线，结合国内外工程总承包的管理经验和八局总承包管理实践，创造性地走出一条具有八局特色的"经营战略国际化，项目管理规范化，要素（分包、设备、物资）采购集中化，资源配置市场化，EPC一体化"的总承包管理道路。构筑强有力的总承包管理体系，以管理创新，推动总承包管理整体水平的提升。

（二）提高项目经理素质，培育适合总承包管理需要的复合型人才，构建总承包发展的人力资源优势。

黄卫副部长说："项目经理是项目管理的核心和灵魂。一个成功的项目背后，必然有一个优秀的项目经理"。一是进一步提高项目经理和项目管理人员素质；二是继续推广专业责任工程师制，培育适合总承包管理需要的复合型人才至关重要。

通过总承包管理的实施，尽快造就和培养一批能够掌握市场动态、熟悉设备招标投标、善于合同谈判、会管理项目的项目经理，这是企业今后发展的最宝贵的财富，奠定持续发展和竞争的人力资源优势。

（三）创新发展方式，提升综合实力和市场竞争力，形成企业发展的市场优势。

市场是载体，经营为龙头。培育和发展总承包必须以市场经营为突破口，扬起工程投标的龙头，调整经营策略，转变增长方式和经营理念，占领高端市场；结合总公司的发展战略，积极推进城市综合运营商模式，尝试"投资设计、基础设施、房屋建筑、地产开发"四位一体的发展模式念，着力开拓城市开发建设市场，开展工程总承包业务，提升城市运

营和成片开发竞争能力，特别是以融投资带动工程总承包，从资本运营到运营资本形成企业的市场优势。

（四）加强采购能力，集约增效，构筑企业发展的成本优势

1. 有效集中资金，提高融资能力和资金使用效率。

对项目资金要坚持实行"收支两条线、资金集中管"的管理模式。通过实施资金集中管理，不但提高了资金的效率，对平衡企业资金、缓解资金紧张的矛盾起到了积极作用；同时为实行大宗材料集中采购提供条件，杜绝项目资金使用无预算、支出失控的情况。

2. 实施大中型材料、设备集中采购，优化配置项目资源

为适应承包管理模式的需要，增强赢利能力，应尽快建立战略供应商伙伴并与之建立电子化采购，共同应对市场变化，不断提升采购的集中度，优化配置项目资源，降低采购成本，构筑局统一的工程物资、设备采购平台。

3. 以人为本，转变分包管理理念。积极探索总分包管理模式和大分包合作方式，以"合作共赢"的经营理念，与实力强的专业和劳务分包单位建立长期的劳务合作伙伴关系。牢固树立"服务业主，无分外之事，管理分包，无不管之事"的总包管理理念。从根本上实现三个转变：由使用的观念转变为合作的观念；由服从关系转变为合同关系；由单赢转变为双赢。

（五）完善总承包功能建设，构筑企业总承包管理优势

1. 以施工总承包为主线，延伸服务链。

八局充分认识原有的经营战略、传统的项目管理模式正面临严峻的挑战，重新审视和部署自己的竞争战略以及总承包管理体系。以施工总承包为主线，服务领域向EPC前后延伸，主动探索"施工总承包+业主项目管理"的总包管理模式。要求项目以工期为主线，站在总包高度、业主角度，进行总承包项目管理策划，全面实施总承包的集成化管理。

2．加强设计功能，提升总承包管理设计能力。

以施工图设计为突破口，在总承包项目部设深化设计部进行深化设计管理，解决设计与施工接口及多专业立体交叉问题，缩短建设周期，降低投资风险。

3．强强联手，建立企业联盟，最大限度的整合社会资源。

以"合作共赢"的理念，整合社会资源，加快横向联合，与国内外知名的专业设计院和大型设计院，形成战略协作伙伴关系，通过整合社会设计资源来满足工程总承包的设计功能要求，构筑总包优势。

（六）坚持科技兴企，构筑总承包管理技术优势

以项目为载体，坚持将科学技术转化为生产力，大力推行建设部十项新技术，建立施工组织设计优化体系，以总承包管理为主线，增加咨询、设计、运营等服务功能，与工程总承包相互渗透和融合，向全过程和全方位服务方向发展，提升总承包管理能力。

13 推行"五化"，彰显"核文化"，努力打造具有中建电力特色的一流项目管理能力

中建电力建设有限公司

为紧紧抓住国家加快发展电力建设的良好机遇，搭建快步进入电力建设主流市场的发展平台，发挥电力特别是核电建设的专业优势，2008年3月5日，中建二局从其深圳分公司分离出深圳岭澳二期和大连红沿河两个核电项目，分立组建核电建设分公司。2008年11月，为了进一步实施专业化发展战略，实现发展模式创新和电力建设专业优势的战略性突破，以二局核电建设分公司为主体组建的中建电力建设有限公司在京挂牌成立。挂牌仪式上签约广东台山2号核岛土建工程，这是中建电力的第三个核电项目。该工程的承接，标志着中建从核电站常规岛建设领域成功跻身于第三代欧洲先进压水堆技术（EPR）核电站核岛建设领域，实现了中建人22年来的"核"升级的梦想。这对于巩固和发展中建电力在核电施工领域的竞争优势，培育新的核心竞争力具有重要的历史意义。

1987年，作为国内建筑业国家队代表，中建二局进入大亚湾核电建设领域，"中国建筑"也随之实现了核电工程建设第一步的跨越。时隔20多年的今天，代表"中国建筑"从事核电工程建设的中建电力，在册员工已近1800人，在施工程项目13个。公司在建项目有岭澳二期、广东台山、广东阳江、辽宁大连红沿河等4座核电站10台机组的常规岛及BOP

土建工程；承担广东台山核电站2#机组的核岛土建工程；承建湖北咸宁、广东陆丰等2个核电站的前期配套工程及核电附属工程；有广西崇左华威2×15MW生物质电厂（EPC）项目、新疆宜化1×330MW自备电厂建安项目、江苏东台风电项目等多个常规电厂的工程总承包、建安一体化项目及广州南沙华润热电厂土建工程项目。

中建电力承袭提炼了过去20多年里的核电建设经验。从大亚湾时的三国四方（HCCM），到目前独立承担施工任务，从举全局之力只能开展一个核电站的施工，到中建电力同时进行多个核电站建设，在转变和发展的过程中不断壮大。公司成立两年多以来，精耕细作，以项目目标责任制为载体，推行项目管理制度化、规范化、标准化、精细化、信息化，努力打造以"中国建筑"项目管理文化为基础的"核文化"，彰显项目管理特色，公司的运行效率和对项目的管控水平大幅度提高。

一、推行项目管理"五化"，建立了完善的项目管理体系

核电建设一直贯彻的是严谨的工作方法、质疑的工作态度，并提倡养成交流的工作习惯。凡事有章可循，凡事有人负责，凡事有人监督，凡事有据可查，是核电建设者的工作原则。项目管理水平的提高、履约能力的提升，关键要有一套完善的体系文件来支撑。公司科学总结20多年来在核电站的施工经验和管理方法，并结合总公司《项目管理手册》的管理要求，推行项目管理制度化、规范化、标准化、精细化、信息化，提高总部资源配置能力，形成了一套相对完整的项目管理体系。

公司根据行业特点和实际情况分类分模块对项目管理进行规范和运作。结合项目的管理情况，从项目策划、体系建设、分供方管理、风险预控、动态控制、透明化建设、计划控制、授权体系、技术与经营并轨管理、信息沟通等10个方面，以HAF法规和核电质保体系为纲，建立全方位项目管理体系：依托总公司的安全管理体系，建立符合核安全的项

目HSE管理体系。

二、推行项目目标责任制，加强项目关键环节的掌控

公司根据工程特点，编制了"项目管理目标责任书（范本）"。"责任书"从项目的组织机构、项目部目标责任、管理方式、范围及期限、项目管理目标的考核、奖罚、公司与项目双方的权利和义务等八个方面、三大指标（上缴指标、业绩指标、管理指标）详细约定。公司层次责权利主要体现在：

（一）细化分解总体目标，对项目管理的各项工作提出具体的目标要求，并为项目的管理工作提供指导监督。

（二）履行法人管项目的职责，承担项目管理与项目履约的全部法人责任，制订项目目标责任书；负责项目履约过程的管理、检查、监督与控制；负责对项目部的项目管理工作与项目履约责任的考核与兑现。项目部层次作为项目管理的执行者，直接参与项目管理和实施的全过程，其责权利主要体现在：在公司综合授权的基础上，代表法人按照合同要求和项目目标责任书的内容全面实施项目履约，承担起项目管理与项目履约过程中的全部生产责任和经济责任，完成项目目标责任书中的各项管理目标。

由于核电工程的特殊性，公司对于大型核电工程项目在投标阶段就开展各项资源的市场调研和成本测算工作，基本上采用成本+利润+风险组成标价的投标方式，从一开始就确定了项目的初始计划成本。项目开工后，根据施工合同条件、现场条件、管理模式及资源配置情况，在对当地市场充分调研的基础上，对初始计划成本调整后，确定项目的成本降低率。在项目实施过程中，通过编制成本报表、月度召开成本资金会议、月度盘点等方式，对项目实施过程的成本测算，并根据项目的实际情况对项目预计总收入、总成本定期的调整。针对核电项目周期长，项

目实施过程中大量的新单价、签证、索赔不能及时得到业主的确认，工程量计算书的报批及业主审核确认的结算存在滞后等现象，总结各项目在项目运行及结算工作中存在的问题及进展情况，为各项目的结算管理工作提供资源共享平台，以加强全公司的结算工作。

三、推行安全标准化，建立安全标准化管理体系

核电项目，安全是底线，也是高压线，要求"零事故"·（杜绝死亡事故，极力避免重伤事故，尽量减少轻伤及以下事故）。通过安全标准化管理的推行，公司上下形成了全面覆盖安全管理和安全监督的管理体系，安全生产基础得到改善，安全保障能力得到提升。公司与各项目签订《安全生产管理责任书》和《年度安全生产目标管理责任状》，明确安全责任和安全目标。要求各项目部树立"现场为中心，风险为导向，重点在班组，安全靠全员"的指导思想，在公司的安全标准化管理要求下，结合核安全体系和自身情况开展安全标准化管理。各项目部按照公司要求结合自身实际编制HSE管理程序和工作程序，覆盖工业安全、职业健康、卫生防疫、消防安全、交通安全、辐射安全、环境保护和治安保卫等八个方面的内容，形成项目安全管理体系；制定相应的管理制度，要求一线管理人员扎实做好班前会、班组月度安全会、违章训诫和事故反馈等基础工作，推行以"三条铁律"为底线的人员管理办法；编制各种应急救援预案，如人身伤害、火灾、群体性事件、五防、食物中毒、坍塌、核泄漏等，确保一旦事故发生后生命和财产的损失降到最低。工人管理以提高工人安全素质为出发点和落脚点，严格的入场培训与考核，加强安全法律法规宣贯；通过安全绩效考核和安全事故责任追究，狠抓管理层安全责任制落实，并通过激励措施实现持续改进；现场管理以风险管理为指引，用专项方案中附录的"分项工程危险因素清单"和安全周报中的"周危险因素清单"指导现场的危害辨识与事故预防，让安全

投入有的放矢，避免盲目和漏洞，HSE管理部依照危险因素清单编制安全控制单并设立安全待检点，保证高风险作业安全措施的符合性和有效性。

四、加强质量监控，以绝对可靠的工程质量保证建成后的建筑产品的运行安全

由于核电工程的特殊性，必须以绝对可靠的工程质量保证建成后的运行安全。核电站的建设强制执行HAF-003（1991）《核电厂质量保证安全规定》。为了规范公司及项目运行，确保工程质量，按HAF003的要求并结合股份公司《项目管理手册》的规定，公司建立了体系化质量管理体系。这套体系从项目体系建立、组织机构设置、文件控制、设计控制、采购控制、物项控制、检验试验控制、工艺及过程控制、不符合项控制、记录至监察等12个要素作了规定。这套体系在满足核电质保要求的同时，也覆盖了总公司的《项目管理手册》理念及要求，并将常规电力施工、民用工程施工中的一些良好实践融入了体系之中。此体系的建立为项目部的运行提供了充分的依据，使项目质量管理"有章可循"。

项目部根据项目组织机构划分进行质保要素分工，做到各司其职，责任明确，做到"凡事有章可循，凡事有人负责，凡事有人监督，凡事有据可查"；形成完善的质量保证文件体系，项目部编制《项目质量保证大纲》和大纲、管理程序、工作程序等技术文件，建立的三层次体系文件为质量保证体系正常运行提供了保障；建立培训和授权体系，对不同层次人员规定了不同培训内容和要求，同时对从事质量工作的人员经过考核后授权上岗，做到不培训、不进场，不合格，不上岗。在项目建立一级质保、两级质控的质量监督验证体系，项目质保部和质控部设置分开，强调各自的独立性和权威性，质保部进行独立的质量保证监督和监察，以验证项目质量保证体系运行的符合性和有效性；质控部对施工质量控制监督，以确保质量标准、规定得到正确实施，物项或服务质量

达到规定的要求；质控部派遣到施工队及加工车间的专职一级质控人员，对本单位的物项或服务质量进行100%的检查控制；项目质控部专职二级质控人员，按照专业和区域分工，代表项目部独立地进行质量检查及按照权限处置质量问题；在项目建立质量考核体系，制定《项目质量目标的建立与实施程序》、《项目质量管理责任制和考核程序》和《质量责任制考核办法》等考核程序，定期对项目各部门的质量责任制及质量目标实现情况全面统计考核，确保质量目标的实现和质量责任制得到落实，提高了履约能力。

五、创新劳务管理模式，加强项目劳务及用工管理

国家和社会对农民工权益的关注力不断加大，而农民工自身的维权意识也在不断地加强。建筑施工行业里之前的一些劳务用工模式逐渐显现其劣势。在核电建设领域，对人的安全和权益关注度更高。改进和创新劳动力组织方式是形势所需，中建电力的项目用工模式目前显现多种模式并存且互相补充。公司所属各项目部主要有劳务分包、劳务派遣和劳务班组和自聘产业工人几种用工模式。核电项目工程不允许扩大劳务分包，即合同工程量全部为承建单位自己完成。进入核电现场的劳务企业组织提供劳务工人，但赚取透明的管理费。公司劳务队伍的招标选用全部为有核电施工经验合格劳务分包商或作业班组。为减少中间管理层次，加大现场管控力度，采用劳务派遣与自聘工人相结合的管理模式。劳务派遣模式是公司与有资质的劳务派遣企业签订劳务派遣合同。项目部针对不同的工种提出相关标准条件，项目相关部门对照该标准条件对劳务工进行审查，按照公司相关管理程序签订劳务派遣合同。开展安全教育培训，符合条件方可批准进场上岗。项目部每月对劳务队伍、班组进行进度、质量、安全文明施工方面评价，对表现欠佳且无改进的班组坚决清退。清退费用由劳务派遣单位承担，相关条款已在劳务派遣合同

中载明。对于劳务派遣公司及班组的工作量（任务量），通过月度工作量审核及结算审核确认，均按照公司制定的《工程款申请和审批管理办法》及《分包结算管理办法》执行。另外，根据核电工程特点，在关键岗位采用"自聘工人"，由公司直接与劳动者签订劳动合同，如专业车间、搅拌站、测量队、水电队等。目前公司自聘产业工人有700余人。根据工程需要，招聘工人组建"突击队"，作为必要的补充施工力量，以应对局部或短期的劳动力紧张、零星工程施工或其他突发情况。通过实践，公司培养了一大批有核电施工经验的技术工人，为后续的核电项目储备了成熟的施工力量和丰富的劳务资源。

六、推动信息化建设，促进公司项目管理水平的提升

根据公司的现状和发展规划，基于多基地、多项目的企业发展特点，公司组建信息中心，成立了公司项目管理信息化领导小组，加大信息化投入力度，注重推动信息化建设，提高总部与项目之间的沟通效率，促进公司项目管理水平的提升。

以系统化的管理思想、业务流程、基础数据、人力物力、计算机硬件和软件，强化人、财、物等各项资源的优化配置，优化和固化项目管理流程，提高公司内部运营效率和整体管理水平。以岭澳和红沿河核电项目管理实践为基础，历时两年多，自主研发了"核电项目管理平台"，并不断深化设计和持续改进，经总公司鉴定委员会专家组评审，一致认为该成果整体达到国内领先水平，填补了国内核电建设项目施工管理系统的空白。该平台规范了核电项目建设管理模式，从管理的整个过程到各个环节都保证了管理实施效果，具有很强的适用性、安全性和可追溯性。平台使用后，减少管理人员劳动量30%；管理风险成本减低60%；大幅缩减新员工培训成本和时间；节约了软件引进费用和版权升级费用。目前已全面应用于核电项目，并受到项目及业主的好评。目前经过进一

步升级和改进，已经在非核电项目推广应用。

公司建立了视频会议系统，实现了北京工作部、各项目部分会场和深圳总部主会场视频会议的互联互通，改进了传统会议模式，有效降低了会议成本，提高了工作效率，便捷了总部与项目之间的沟通联系。

七、强化廉政建设，预防商业贿赂和工程腐败

公司在推行项目管理"五化"过程中，以廉洁从业惩防体系为保障，建立健全党风廉政建设相关制度，加强反腐倡廉教育，实施民主管理、透明决策，筑牢拒腐防变思想防线，保证工程项目质量和保护从业人员安全工作、安全生产、安全生活。从制度建设着手，定期发布《党风廉政建设和反腐败工作安排》，定期自查，定期总结。公司及项目部还以开展群众性廉洁文化活动为载体，重点推动廉洁文化建设进班子、进项目、进岗位、进家庭"四进"活动，营造"以廉为荣、以贪为耻"的氛围，实现了党风廉政建设和生产经营的良性互动。

八、体系建设与技术内蕴互动，提高公司的资源配置能力

自大亚湾核电站开始，公司承建的核电站建设执行的标准大多为欧标或法标，施工要求高。公司及项目部技术工作以创新核电施工技术、创建独有工法、打造核心竞争力为指导思想，以"中国建筑电力建设工程技术中心"为研发和技术攻关平台，加强项目的科技推广工作。建立项目技术责任制，层层落实项目行政领导、总工程师、技术部负责人、主管工程师的技术责任，以适应核电站工程难度大、技术含量高、工艺要求严、多专业技术相互协作的特点。结合实际，对国外已有的技术消化、吸收和再创造，达到技术国产化、材料本地化、设备自主化的目的，形成具有中国特色和企业特点的配套齐全的核电施工新技术，提升企业

项目管理水平。两年来公司共获得局级以上工法7项，科技奖7项，共受理专利6项，授权专利3项，2项为国家发明专利。

这在确保台山核岛项目"4·15"FCD里程碑节点上得到充分体现，也是能够成功实现该目标的关键。2009年12月30日，业主调整进度计划，台山核电厂一期2号核岛反应堆厂房筏基浇筑，由合同约定的里程碑节点日期2010年7月1日提前至4月15日开始。反应堆厂房筏基钢筋绑扎工作量大，大体积混凝土一次性浇筑量大，场地移交滞后，准备工作复杂繁多，项目部面临技术要求高、双节劳动力组织难度大、雨期施工难等一系列困难，全公司上下一心，统筹协调、优化配置，精心组织、周密安排，细化施工组织和方案，组织了钢筋、模板、混凝土、预应力、仪器仪表等各专项小组，认真研究施工图和各种技术规格书，分析周边环境、施工工序及工艺，编制各项施工方案及保证措施，进行了多次模拟演练。

2010年4月15日10时18分，将会永远载入公司史册。2号核岛筏基开始整体浇筑，至4月18日清晨6时18分，历时68个小时，持续浇筑混凝土9111.5m³。为确保养护质量，避免有害裂缝的产生，采取搭设养护保温棚，在养护棚表面及侧面多层覆盖，调整养护水温，通过碘钨灯调节棚内和侧面的温度，根据温度和应变监测的数据对养护保温材料增减等一系列养护措施，经过28天的养护，5月15日，养护棚和侧模拆除。

经业主等多方现场检测，未发现裂缝，且2号核岛筏基大体积混凝土的浇筑质量好于1号核岛，提前两个半月成功实现FCD目标。业主发来表扬信赞誉："在筹备2号核岛筏基浇筑的几个月中，我们看到的是一个不畏艰辛、敢于挑战的团队，看到的是一个认真策划、周密部署、科学管理、有效控制的领导班子，看到的是一个有着高度事业心、责任感、能够打硬仗的施工团队"，称赞公司"是核电土建施工的排头兵"。核安全局及系统内外赞誉：第一次进入核岛施工的中建，其施工的2号核岛筏基一次性浇筑工艺科学、质量优良。这是对公司资源配置能力和核电施工技术的肯定，也是对成立两年以来公司项目管理水平及施工能力的高度认可。

14 推行"风险抵押、目标考核"责任制提高项目赢利能力

中建股份上海分公司

一、推行"风险抵押、目标考核"责任制的背景

在目前市场竞争激烈的环境下，总承包业务面临越来越大的成本、安全、质量等各方面的风险和压力。如何将"法人管项目"落到实处，如何激励项目部一线人员的积极性，从而提高项目赢利能力，仍然是施工企业不断探索的课题。中建上海分公司在寻求解决之道的探索过程中，深刻体会到，机制设计是核心，人的因素是关键。在2008年以前，我们是签订传统的项目"目标责任制"，但效果并不明显，2008年以后，在项目中推行"责任工程师"制，开始取得了一定的成效。在总结自身管理经验的基础上，结合参考系统内兄弟公司的做法，从去年开始，我们在新实施的项目中全面推行以"风险抵押、目标考核"为核心的责任工程师负责制，取得了很好的效果。

1. 传统的"项目目标责任制"的弊端

在2008年以前，上海分公司对实施的项目，是按传统做法与项目经理签订"目标责任书"，明确项目经理的安全、质量和赢利目标。但在实际操作中，效果并不理想，虽然有一些激励作用，但也出现种种弊端。一般来说，签订的利润指标都较易实现，项目经理并没有太大积极性去降低成本，项目部员工没有明确指标，只觉得做好进度、安全和质量就可以，成本意识不强。分析其原因，主要是没有形成公司利益与项目部利益紧密结合的机制，没能充分发挥从项目经理到项目员工的积极性。具体表现在：一是各种责任系于项目经理一身，指标并没有有效分解到项目团队的每个人；二是对项目部的约束效果不明显；三是激励效果不充分，不能充分激励全体项目部员工发挥主观能动性"跳起来摘桃子"，超额完成指标。

2. 实施"责任工程师"制初见成效

2007年上海分公司开始推行"责任工程师"制，在充分汲取原中建国际"责任工程师"制经验的基础上，针对项目年轻员工多，骨干力量不足的现状，在项目层面按工程区域和专业，划分为不同的责任单元，如钢筋、模板、混凝土等。选拔骨干力量担任责任工程师，具体的施工方案、技术方案、现场组织由责任工程师为主承担，对责任单元的工程进度、成本、安全、质量负责，尤其是对物料消耗、现场签证负责。按不同工程节点分解指标，节点完成后考核，并兑现奖励。这个办法较好地激励了项目骨干员工的积极性。他们动脑筋想办法，工程量算得非常精细，合理安排施工，想办法堵住可能的成本漏洞。指标分解到了不同的责任单元，落实到具体的责任工程师人头，保证了项目指标的实现，而且也带动了一大批青年员工的成长。

但是"责任工程师"制也有其局限性，一是这个机制是在项目层面展开的，不能反映出分公司层面对项目的监控，也不能完全反映出项目指标与责任工程师指标之间的关系，没有形成一个完整的责任指标体系；二是只有奖没有罚，虽然体现了激励，却没有约束。

3. 推行以"风险抵押、目标考核"为核心的责任工程师负责制

上海分公司一直在积极探索更好地对项目运营的激励机制，从理论

上、实践上都深入学习和思考。按照赫茨伯格的双因素理论，认为引起人们工作动机的因素主要有两个：一是保健因素，二是激励因素。只有激励因素才能够给人们带来满意感，激发员工的工作热情，而保健因素只能消除人们的不满，但不会带来满意感。近年来，企业界也在推行KPI（关键绩效指标）等考核测评管理工具，这些都给上海分公司的激励机制设计提供了参考。

"风险抵押"在工程建筑领域推行多年，不同的公司有不同的做法，有的施工企业实行的是"风险抵押承包"，企业只要求上交承包利润，采购权、用人权等都下放项目部；有的施工企业实行的是"风险抵押"责任制，项目部不承包经营，而是按目标责任考核。

在充分参考行业经验的基础上，结合自身的管理基础和实际，从2009年起，上海分公司对新开工项目推行以"风险抵押、目标考核"为核心的责任工程师负责制，并取得了很好的成效。

二、以"风险抵押、目标考核"为核心的责任工程师负责制简介

（一）上海分公司推行以"风险抵押、目标考核"为核心的责任工程师负责制。

在对项目作了准确的成本分解和策划的基础上，按照"标价分离、确定基数、制度保证，层层分解、过程控制、阶段兑现，超额分成、有奖有罚、风险共担"的模式建立项目管理考核机制。具体介绍如下：

1. 在项目团队组建后，由公司合约商务与项目核算项目成本，并按16个基本大项分解出每项的成本利润指标，共同确定成本利润指标和每个月的现金流指标，编制项目成本策划。

2. 由公司承担投标决策风险和要素采购风险，执行"三集中"采购原则；项目承担要素消耗量风险、过程管理风险和经营风险，对工程现

场过程管理的成本、进度、安全、质量等负责。

3. 目标责任制分为两级，第一级由分公司与项目经理签订"项目目标管理责任书"，主要考核指标为成本利润指标和现金流指标；第二级由项目经理与各责任单元负责人签订"成本利润指标责任分解及策划书"。

4. 按照项目规模确定风险抵押金总额。

5. 公司监控项目过程，每月核算项目上报的指标完成情况。

6. 目标兑现实行"上封顶、下保底"，项目对其分解的责任单元可按大的工程节点、时间点考核指标完成情况，并及时兑现并计入最终兑现总额，最终兑现按项目竣工结算完成时考核，如未完成指标要扣除抵押金；如超额完成指标分级则累进奖励，但一般不超过风险抵押金总额的5倍。

（二）上海分公司推行的"风险抵押、目标考核"责任制有以下特点：

1. 成本与利润指标分离，对每个项目都作成本分解和策划，将责任具体落实，对成本、利润实现的途径和目标值，在公司和项目层面都取到共识。保证公司作为利润中心，项目作为成本中心。

2. 目标责任制并不是单一的公司对项目经理层面，而是通过第二级分解细化到每个单元责任人。在执行中，项目还往往再分解细化，落实到具体操作的第三级责任人。充分将公司利益、项目利益与个人利益紧密结合在一起，责、权、利一致。

3. 与总部要求相符合，并在分公司的管理基础上提升。对项目，并不是搞了"风险抵押"后就放任不管，而是坚持财务、采购"三集中"原则，坚持对项目的过程监控，项目每月上报统计数据、每季度提交中期成本分析报告。项目实行"二级成本分解指标策划责任书"，这也是充分结合"责任工程师"制的经验。

4. 超额利润梯级分配，充分体现目标设计的激励作用。"跳起来摘桃子"，跳得越高，收获越丰厚。

5. 更好地促进人才成长。责任工程师不再是传统意义上的现场执行工程师，而是要全面对所负责范围的生产、成本、进度、安全负责的责任人，实际上承担了专业经理或区域经理的角色。这种角色转换也促进了青年骨干的成长。

三、小结

"风险抵押、目标考核"责任制运行以来，取得了很好的效果。总结经验，一是要公司主导，建立一套完整的制度体系；二是要算好细账，科学合理地确定各项指标；三是要过程监控，及时跟进项目运行过程中的各种变化，保证责任制的正常运行。

15 香港地区工程总承包项目管理特点与实践

中国建筑国际集团有限公司

一、香港建筑业的特点及总承包管理模式

（一）香港建筑业的特点

香港建筑业市场是一个完全自由竞争、全面开放的市场，汇聚了世界各地众多知名建筑承建商，包括来自日本、英国、法国、澳洲等发达国家的海外工程承包商60余家，同本地230余家承建商角逐这一市场，竞争异常激烈。香港建筑工程项目主要分为政府投资工程和私人投资工程两个大类别，每年新推出工程数量受世界经济环境影响，变化很大。每年有不少公司退出这一舞台，同时也有不少公司加入这一竞争行列。近两年因香港特区政府陆续推出包括"十大"基建的大量工程项目，每年新增工程合同额平均在330亿港元左右。这些来自发达国家的承建商凭借自身拥有雄厚资金、人才优势，先进施工技术和管理经验的优势，长期控制香港建筑业高端市场。中资及香港本地承建商经过多年经营，通过强强联合、相互取长补短，不断提高自身施工技术及项目管理水平，涌现出了一批较为成功的建筑工程总承包企业，与国际知名承建商同台竞争。

香港建筑业经过多年的运作，已经形成了较为成熟、系统和规范的市场，概括起来，其主要特点包括：

（二）法律法规健全、规管严格

香港政府部门对于工程建设项目的安全、环保监管相当严格。政府透过立法、教育和推广工作，确保在职人士的职业安全与健康得到保障，并致力降低建造业的工伤意外率，一直为企业和从业人员提供各项职业安全健康服务工作。初步统计，有关安全管理方面的法规及其附属条例达数十项，包括《工厂及工业经营条例》、《建筑地盘（安全）规例》、《职业安全及健康条例》等；环保管理方面，包括《空气污染管制条例》、《废物处置条例》、《水污染管制条例》、《噪音管理条例》等相关法律法规，对承建商严格监管和相应惩罚。一旦发生重大安全事故，有关承建商将在一定时间内被停止竞投政府工程。

此外，香港建造商会在各会员承建商、政府部门和团体间保持密切沟通，为政府及其他专业团体提供咨询平台，并代表承建商在有需要时，向政府提出关于建筑行业的建议方案，协助业界遵纪守法，提升整体施工管理水平和表现。

（三）合同约定清晰，履约意识强

香港地区建筑工程主要采用《香港建造合同》，政府工程和私人工程均有其相应的合约条款和协议书标准版本，与国际现行的FIDIC条款相似，合同双方责任、权利、义务、工程标准和工作程序等内容约定清晰详尽，业主、顾问公司与总承建商共同履行，各方均具有很强的合同意识。遇有争执时，虽然沟通方式和沟通层面在解决问题中起着重要的作用，但凡事必须以合同为基础，用合约精神使问题得到圆满解决。

（四）行业分工明确、专业化程度高

工程管理中凸显了很高的专业化和职业化，专业顾问（包括设计、监理和工料测量）、总承建商、材料供应商、机电设备供应商和土建分包商等分工明确，特别是几十年来形成的成熟的工程分包体制。如在房屋工程中，从钢筋、模板、混凝土到水电、木门和油漆等各个工种，都有相应的专业分包商。一般来讲，这些分包商均具有相应的专业技能、较充足的劳动力资源、完善的设备、良好的信誉，以及一定的财力，并且熟悉行业运作。往往一项工程中总承建商需要签约和管理超过100家专业分包商和供应商。

（五）竞争公平有序，靠综合实力取胜

尽管香港建筑市场是个完全自由竞争的市场，但是竞争是建立在公平和有序的基础之上。总承包商只能通过其综合实力在竞争中取胜，尤其是政府工程，政府作为项目业主，除了需要总承建商具备相应的资质外，政府还将从承建商过往管理类似工程经验、设计方案、施工技术方案、质量、安全、环保管理措施、施工工期、投标价格以及承建商过往表现等方面，作严格的综合评估，择优选定总承建商。特别值得一提的是，承建商在以往承建政府工程中的表现（PASS或CPR打分记录）是综合评估的重要组成部分，将直接影响承建商的中标机会和中标价格，有时一分之差可能对标价的影响就是一两千万港币。这样的定标综合评估体系迫使总承建商必须管理好在建的工程，才有可能以较好单价赢得新工程。项目管理的压力不言而喻。

（六）总承包管理模式

多年来，香港地区的工程管理在不同的项目中采用了不同的总承包模式。但概括起来通常采用的模式有施工总承包、管理总承包、设计—施工总承包、成本及利润总承包、限定最高价合约等总承包模式；基础设施工程项目中，主要有施工总承包、设计—施工总承包、设计—施工—营运—移交等模式。近年来，在污水处理厂等项目中均有尝试。在每种模式下，总承建商根据投标策略决定采用自营或联营方式。

二、我们的主要做法

针对香港建筑市场的主要特点和惯用的总承包管理模式，中国建筑国际集团在长期面对激烈竞争的市场环境下与众多强大的对手同台竞技，跻身大型承建商之列，主要作了以下几个方面的工作：

（一）从工程投标策划开始切入，为做好总承包管理打下稳固基础

中国建筑国际集团的工程投标策划主要包括投标策略分析、施工技术策划、报价策略与风险评估、商务条款分析，以及确定独立经营或联营模式等内容。

当今重大建筑工程项目的显著特点是规模超大、设计新颖、技术精尖、施工组织复杂、管理风险极高，要求承建商具有极强的总包管理和协调能力，以及同类工程的管理经验，单靠一家单打独斗很难中标。因此，采取什么样的经营策略将是中标与否，甚至中标后能否当好总包、成功履行合约、顺利实施项目的关键。通常考虑的因素包括：一是业主和顾问公司的背景、资金来源、合约承包方式、支付能力和信誉；二是公司在手工程情况、现有资源、工程对质量、安全、环保、进度、施工技术的特殊要求；三是掌握所有可能参与投标的公司以及潜在的竞争对手的背景；四是工程本身知名度，可能对公司产生的社会效益和积极影响。

多年来，中国建筑国际集团在这方面作了积极大胆的尝试，并取得了成功。比如，香港新机场客运大楼工程。在当时港英政府的控制下，如何中标确实需要高超的智慧，最终是由中资、英资、港资、日资等五家大型建筑财团组成的联营公司中标，凸显了多种因素综合作用的结果，也就说政府工程是以综合实力为导向的。再比如，香港迪斯尼乐园工程，就是以工程经验和施工技术为导向的，考虑到日本的清水建设公司有建造东京迪斯尼乐园工程的丰富经验，但中国建筑国际集团在大型基建工程方面有其自身的优势。因此，与清水建设采用了联营或自营的模式，并连续赢得5个标段，占香港迪士乐园工程总承包合约的一半以上。

总之，联营公司管理模式在大型国际工程项目中取得成功的关键因素在于：1. 选择了好的和适合我方的合作伙伴，避免了"磨而不合"这一联营公司的通病；2. 建立了合理的组织架构和责权划分，确保了联营公司的独立运作；3. 建立了完善的规章制度和工作流程，保证了项目实施全过程的畅顺运作；4. 建立了有效的风险管理体制和决策体制，规避了可能出现的风险；5. 大力提倡"和谐联营"，为联营公司各方、业主、设计和顾问之间的合作提供了良好的氛围、夯实了"诚信"基石。

（二）做好施工准备工作，为履行好合约提供保障

公司收到业主中标通知书后，将依照合约要求立即展开项目管理工作：

● 首先，组建项目管理团队，尽快开展筹备工作。由于在香港这个特殊的环境里，中国建筑国际集团项目管理人员的构成有别于其他中资公司、当地公司和外资公司的特殊架构，即，"1+3"项目管理核心，"1"是指地盘经理，一般由内派人员担任，负责地盘的整体运作，对地盘日常经营有决策权；对人事管理有自主权，对管理范围以内的人员有调配权；在分配上，地盘经理对员工津贴、员工奖金发放和薪金调整有建议权；"3"是指地盘代表、合约经理和地盘总管，均由港聘员工担任。其中地盘代表负责对业主及政府的部分的联络与接触，编制施工方案和工作程序，统筹项目综合管理计划，负责总进度计划的编制及调整等；合约经理负责合约及成本管理，包括对业主的索赔，对分包工程款的控制，对材料到货计划的制订，对成本的分析及预测等；地盘总管负责编制详细工程进度计划及具体的实施，编制及执行施工场地的规划及控制、安排、协调好各分包商的施工程序及工艺问题等。

● 其次，通过公司层面对项目管理团队集中技术交底，使项目管理团队在尽快熟悉合约要求、工程内容、主要技术方案和投标策划要点的基础上，依照公司有关办法和指引，组织编写施工组织设计（施工方案），包括进度计划、成本、质量、安全、环保、保安、CI、物资、机械、财务、人力资源配置和信息化管理等。

●再次，公司组织施工方案的评审工作，对大型、特殊和一般项目在不同层面多次初评和评审，特别是施工难度大、技术要求高、风险较大，或在社会上、专业技术界有较大影响或引起广泛关注的工程项目将进行重点评估，并将最终形成的方案认真彻底的传达到作业层。比如，香港牛头角下村二、三和五期拆楼工程，包括拆除7栋16层高的楼房、3栋6层高学校、1栋2层高的老人中心等，现场地处闹区，且紧贴马路，由于香港对拆楼工程除了有安全、环保等严格限制外，严禁使用炸药和爆破手段，致使拆楼工程的难度和安全风险远远高于建造新的大楼。为此，公司与项目团队反复评估和方案比较，在现场操作示范，并将最终形成的方案的操作过程拍成录像，制成光碟，作为教材，对现场员工上岗前培训。

（三）做好实施过程管理，是确保总承包项目顺利完成的关键

项目实施成功与否是总包履约能力和管理能力的综合体现，必须从更高的视角、科学的管理、专业的操守、负责的态度，做好整体布局，稳扎稳打，做好每一件事，包括：

（1）建立全面伙伴关系，共创多赢局面。在整个项目管理过程当中，总承建商处于承上启下的角色，对与业主的沟通、分包的协调具有不可替代的作用，有责任倡导、建立全面伙伴关系，并应为此发挥积极重要的作用。因此，中国建筑国际集团从企业层面到项目层面致力于全方位推进，包括政府部门、工程业主、顾问公司、总承建商、分包商及供应商在内的全面伙伴关系，力求为履行合约、顺利实施项目创造和谐氛围。为此，中国建筑国际集团还建立了客户关系管理系统（CRM），使客户关系、伙伴工作实现了信息化管理。

（2）认真推行"5+3"工程项目管理模式。中国建筑国际集团在多年的工程总承包项目管理中，经过不断总结和提炼，形成了独创的"5+3"工程项目管理模式，该模式将项目管理的进度、成本、质量、安全和环保等五要素通过过程保证、流程保证和责任保证等三个体系，力求使项目管理诸要素做到统一和协调发展。通过对项目管理流程和过程的不断

优化，减少管理漏洞，避免管理风险，工程项目管理普遍表现出色，受到工程业主的良好评价和嘉奖。比如，公司在香港房屋署工程中PASS评分连续排名第一；连续两年获得房屋署承建商新工程项目承建商金奖。所以说，"5+3"工程项目管理模式，不仅丰富了中国建筑国际集团品牌战略的内涵，还为品牌战略的实施作出突出贡献。

（3）做好合约管理，认真研究和利用好合约条款。一是分析和规避合约风险，二是把握每一个可能的索赔机会，力求为公司创造更大的经济效益。

（4）利用技术手段，统筹好大型方案的变更和索赔工作。中国建筑国际集团规定无论何种理由引起的大型施工技术方案变更，都必须由公司层面组成的评审小组专项评审，一是确保变更后方案的可行性和完整性，以及在满足质量、工期、成本、政府法规等方面做到最优化；二是必须把握好该变更给公司带来索赔工期和经济利益的机会。

（5）充分调动项目团队的积极性。今年中国建筑国际集团再次修改和完善了实施多年的《地盘经营目标责任制》，扩大了承包集体的范围和奖励范围。通过明确责权利、绩效考核、综合评分、奖金奖励等手段不断激发项目管理团队的工作热情和主动性，不断为提高总包管理能力注入新的动力。

三、主要体会

中国建筑国际集团立足港澳、辐射内地、走向海外，长期从事工程总承包项目管理的探索与实践，企业规模、综合实力、品牌效应和经济效益不断增强和提升。主要体会有以下几点：

（1）健康的企业文化、前瞻的战略布局、正确的经营理念和专业的管理团队是企业成功融入市场、并在市场中可持续发展、逐步壮大的必备资源；

（2）在利益相关方之间建立全面伙伴关系、整合优势资源、实现强强联合、优势互补、成果共享、创建多赢的理念已是当今社会和市场运营的主流；

（3）信守合同、诚信为本，加强日常管理与监督，有理有节地展开合约管理和索赔工作，切实提高企业盈利能力，使企业经营和生产处于良性循环是可持续发展之本；

（4）为客户提供优良的服务和优质的产品，为工人提供安全健康的工作环境是我们应尽的合约责任，为周围居民提供良好的环境是我们不可推卸的社会责任。

提高项目管理水平，创造钢构品牌价值

中建钢构有限公司

钢结构公司自成立之初就与高端项目结下不解之缘。深圳地王为公司发展奠基，上海环球为公司壮大添彩，央视新址为公司腾飞扬名，钢构人一路装钢甲、铸铁骨，不断探寻项目科学管理之道，特别是在总公司专业化发展战略的指引下，组建成立的中建钢构，逐步发展成为集研发、设计、制作、安装、检测于一体的产业集团。在新的发展起点上，我们将加大力度提升项目管理水平、探索钢构专业特色的项目管理模式，使企业长青，实现持续快速发展！

一、钢构工程概况

从20世纪80年代钢结构建筑的兴起，到如今经过30年的发展，目前钢结构工程已迅速覆盖房建、港站、铁路、桥梁、电力等各个领域，综其工程特点可以归纳为"三大特点、四大类型"。

（一）三大特点，凸显强劲发展

1. 结构重量轻，抗震性能好。

支撑现代建筑的结构材料仍然是混凝土与钢，从结构性能角度讲，钢结构建筑自重相对较轻，大大降低了地震作用，寄托着人们对生命的尊重。

2. 工业化程度高，施工周期短。

从制作和施工角度讲，钢构件在工厂完成制作，便于机械化和工业化，最大限度降低现场工作强度，大量减少了现场劳动力的投入，缩短项目的施工周期，展示了钢构工程速度、效率的优越性。

3. 绿色加环保，节能又节地，从节能环保角度讲，钢结构具有施工现场噪声小，还可实现回收再利用，水源污染少等优点，使得钢构工程与环境的和谐，实现绿色环保，满足了人类守护环境和生态的愿望。

（二）四大类型，引领建筑潮流

1. 超高层。

作为房建领域的一颗璀璨明珠，重要性不言而喻。在可预见的未来，高度将不断攀越，超高层在行业中的地位将不断加强。

超高层结构多为混合结构，即外筒结构+混凝土核心筒。主体钢结构通常采用大塔吊、大吨位的吊装方法，先柱后梁再斜撑的施工次序，而且一般混凝土核心筒先行，外筒钢结构协调跟进，互为依托，相互配合。垂直度控制是超高层施工质量的关键，测控手段有外控法和内控法，上海环球与广州西塔等工程，其垂直度偏差远小于规范允许要求。超厚板焊接已在超高层工程中大量使用，公司多年来积累了丰富的焊接经验，形成了多种焊接工艺，如CO_2气体保护焊、斜立焊、低温焊接。

公司从深圳发展中心起步，一路走来，历经地王、环球、西塔、京基等一系列超高层建筑，从165m到492m，高度不断飞跃，超高层已经成为公司的拳头产品。

2. 大跨度。

大跨钢结构目前已成为场馆建设的主流形式之一，其必将得到更广泛的使用。

大跨钢结构的安装，一般以高空原位法为主，在结构、场地、设备允许的条件下，尽可能采用这种直接且便于管控的工法。当结构跨度和面积太大，直接在设计位置原位安装有难度时，滑移法则成为解决方案之一。当结构平面较规则但高度较大，难以采取滑移法时，可将结构先在地面组装成型，再整体提升至设计标高。

一大批地标性大跨钢结构建筑的承建，公司积累了丰富的施工经验，从深圳湾体育中心的高空原位单元安装到广州机场的曲线滑移，再到广州机库的多吊点非对称整体提升，大跨度钢结构跃升为公司的又一支柱性产品。

3. 大悬挑。

近年来，一些工程往往具有独特的建筑造型，大型悬挑钢结构应运而生，成为建筑师的表现手段之一。

悬挑结构的安装，可分为"有支承"与"无支承"两种；当采用"有支承"安装时，平稳卸载便成为施工过程中的控制环节；当采用"无支承"安装时，变形预调则成为施工过程中的控制环节。

悬挑结构以深交所和央视新台址为代表，特别是深交所创造性地引入并完善了砂箱卸载技术，成功实现平稳卸载。央视新台址则基于构件变形预调值技术的成功研发，创造性地提出了"悬臂分离安装、逐步延伸、空中合龙"的无支承安装，独特的悬臂结构展现了我们在安装领域的实力。

4. 异形空间。

异形空间结构是建筑师天马行空的理念得到彻底展现的产物，随着人们审美要求的提高，大量异形空间结构将不断呈现。

在此类工程中，多杆交汇的情况十分常见，铸钢节点很好地解决了普钢节点焊接残余应力高的难题，逐渐得到广泛应用。从深圳文化中心的10t到广州歌剧院的100t，再到深圳大运中心的200t，铸钢节点体量不断攀升；铸钢的突破让我们在异形空间工程中占有先机。

二、钢构项目管控

针对钢结构工程的基本情况，我们不断探索科学的项目管理方法，突出专业化管理特色，简要归纳为"一坚持、五加强、两推行"。

（一）坚持"法人管项目"，全面实行项目自营

1. 坚定"法人管项目"。

自公司成立之初，钢构公司就明确了项目管理思路，就是坚定"强企业、精项目"。实行"三集中五统一"的管控模式，就是要做到项目的资金、预算、风险集中控制，项目的合约商务、安全生产、物资设备、人力资源和项目文化的统一。

2. 项目要严格按照公司制定的制度、流程、标准来开展项目管理与施工工作，切实提升项目的履约能力。

这样，实现了企业与项目两层管理有效结合，高效运行。

3. 坚定"项目自营"。

钢构工程具有专业性强，技术的独特性、产业链条的整体性，这决定了我们项目必须全面实行项目自营。通过项目自营，确保技术支撑完善、资源调配迅捷、项目管控有力，风险防范得控，方有长治久安。央视新址、广州西塔、福州会展、梅江会展等工程的完美履约，证实了项目自营的正确性和发展力。

（二）加强技术革新，提供五大能力支撑

钢构工程技术是项目实施的强力支撑。公司通过增强五大能力，为工程实施保驾护航。

1. 增强深化设计能力。

钢结构深化设计，要充分考虑到塔吊的吊力、制作的工艺和安装的方法。我司已打造了一支实力雄厚的专业设计团队，针对各项目特点，确保每个工程的优良的深化设计，设计先行是钢构施工顺利的先决条件。

2. 增强结构分析能力。

钢结构安装作业，往往涉及复杂节点，支撑胎架，过程中结构变形

等分析计算要求。公司已具备了一定的结构分析计算能力，以及先进的计算软件使用能力。在项目施工的实施中，通过科学的计算分析方法，从理论上确立了方案实施的可靠性和稳固性，实现了预判指导的意义。

3. 增强3D模拟能力。

3D动画施工模拟具有直观易读的特点，在投标阶段可向业主阐明方案思路，在施工阶段可指导施工，都具有较高的实用性。公司各项目通过积极培训和强化实践，具备了行业顶尖的施工动画模拟能力。

4. 增强方案把关能力。

一个合理科学先进的方案是实现工程履约的有力保障，公司要求所有项目的施工组织设计必须通过企业评审；同时，对于结构新颖、复杂重大工程，均邀请国内知名的钢结构专家召开论证会，多点把控，确保技术方案的合理性、科学性及先进性。

5. 增强课题攻关能力。

钢构公司工程有着"高、大、新、尖、特"的鲜明特点，根据我们承建一批顶尖工程，先后攻破了超高层钢结构安装、大跨度曲线滑移、大面积非对称重型整体提升、空间结构成套施工、大悬臂安装、多角度全位置异种钢焊接等六大课题。化技术优势为科技，为公司发展注入强势。

（三）加强质量控制，三步铸造钢构精品

钢结构项目狠抓预先策划、监控实施、持续提高，精心锻造工程精品。

1. 多角度显重点实施策划。

今年，公司宣贯ISO9001全面质量管理标准，要求每个项目根据自身特点编制质量计划，尤其是针对项目出现的复杂牛腿节点测量定位，超厚钢板焊接等质量要点预先分析，制定对策，按标准流程实施，确保质量的稳定。

2. 全过程、全方位质量控制。

拓展质量控制关口。把质量意识向上、下游延伸，重视精度仪器的校对维护，坚持定位测量按标准，实时检测合规范，严格执行验收制度和验收程序，确保质量得到控制。

3．编规范立标准行业领先。

由公司主编的《钢结构施工质量验收规范》即将推广应用，公司又在此国家标准之上，逐步建立起一套自己的要求更高的质量标准，确立在业内质量领先的地位。同时各项目在更新管理思路，落实全面管理及做好实时监控的同时，极为重视对质量新工艺的探索以及工程常见质量通病的总结。以期在此基础上建立起从工艺和管理双层面的质量持续改进机制，促进持续提高，引领更高一级的质量要求。

（四）加强安全管控，坚决奉守生命至上

钢结构施工是属于建筑业高危专业，如何确保安全显得极为重要。安全管理工作，以人为中心，加强措施管控，深入落实"中国建筑，和谐环境为本；生命至上，安全运营第一"的安全理念。

1．创新劳动保护

结合钢结构工程高空作业多的特点，全面推行使用了"双钩安全带"，起到了双层保险的作用，有效避免了高空坠落事故；同时，为规范使用劳保用品，适应作业环境，开辟了入场教育必修课——"劳保用品体验平台"，以练代教，取得了良好效果；

2．优化安全防护

经过多年的实践总结，安全绳已从笨重的捆绑式发展到便捷的夹具式，并获国家专利；在吊装防护方面，形成了"一绳、一梯、一器、一平台"的防护理念；在消防保障方面，形成了"一火、一证、一盆、一人"的习惯做法。

3．强化风险防控

树立每一个钢构项目均是重大危险源的理念，实行"企业—项目"两级管理，特别在大型设备、支撑体系和重大施工吊装等危险源，实行实时动态监管，做到风险防控。

（五）加强物资管理，成就生产坚实后盾

工欲善其事，必先利其器，就钢结构施工而言，尖端设备就是我们的利器。

1. 打造尖端设备利器

一是设备高端化。公司拥有法福克系列的M1280D、M900D、M600D等世界房建施工领域最先进的塔吊，是我们中标高端项目、打造顶尖工程的有力武器。二是成立设备中心，其占地面积达7000㎡，为设备周转及维修管理提供了充裕的空间。三是管理专业化。对自有设备进行统一租赁、维修、保养、安拆管理；全年为项目维修保养设备百余次，各类机电业务服务与技术支持近百次，确保这些尖端设备的良好运转。

2. 打造特色支撑体系

钢胎架是大跨度、悬挑、异型结构必不可少的支撑体系。一是设计可拆卸标准胎架。钢胎架一般采用型钢、管材、角钢制作而成。我们将其统一设计为可拆卸标准胎架，且承重性能好、安全性高，装拆简便，大大增强了胎架的重复利用率及周转效率。二是成立胎架基地，成立了以深圳总部为核心的胎架基地，并在北京、上海、武汉、成都成立相应的周转场地，实现了统一调配，高效运作；三是实行统一管理。公司所有胎架的使用、退场及周转均要经公司审批，实行统一管理；四是积极引进新体系，创新性地引进铁路桥梁领域的贝雷片胎架，其结构简单、运输方便、架设快捷、互换性好。目前我们已在昆明机场、白坭河大桥项目成功应用，今后仍将大力推广。

3. 结构用材保质保优

一是把好采购关。结构所用的钢材直接对接国内知名钢厂进行钢材采购，保证高建钢、桥梁专用板等特种钢材的品质。结构所用的高强螺栓、栓钉也直接对接到一流厂商，确保结构用材的质量。二是把好验收关。结构用材进场时，技术、质量和物资人员联合验收，且取样送检，合格后方可使用。

（六）加强劳务建设，构筑企业发展攻坚队

在劳务建设上，钢结构公司结合"技能要求高、技工需求大"的特

点，大力发展自有劳务，打造一支专业劳务队伍。

1. 培养自有技工

由于钢构的吊装、焊接、测量等工序的技能要求高，我们非常注重对自有技能工人的培养，在各个工程施工过程中，不断地积累保留一批优秀技工。同时，从技工学校、社会渠道招聘技工，补充和保障技工的需求。目前自有技工总数达1000多人，在测量、焊接和起重等方面已培育出一批批高级技师人才，其中就有"全国首席焊接师"。

2. 发展成建制劳务

公司注重引进成建制劳务队，作为公司劳务资源的有力补充，保障生产劳务需求。公司对成建制劳务实行分级管理，定期开展双优评选活动，重点扶植核心劳务，注重劳务扎营钢构大家庭，实现劳务与公司长期合作、互惠共赢。

（七）推进项目标准化，丰富项目管理内涵

我们将施工中的好做法、新成果提炼总结，使之形成固化的标准管理。

1. 生产标准化

一是施工措施标准化，自主研发出工具式操作平台代替常规脚手架平台，安全性能好，装拆方便，提高了措施的搭设效率，助推了施工速度；二是安全监管标准化，对施工现场统一印发实施《施工现场安全防护标准化手册》。以漫画为主的《安全知识读本》，大大提高了安全管理实效性；三是塔吊管理标准化，针对使用较多大型塔吊的现状，发布《起重机械安拆标准化手册》，对塔吊的安拆进行了样板化管理。

2. 管理标准化

一是制度流程标准化。公司成立之初，制定了新版《项目管理手册》，实现了整齐划一的项目管理。二是贯彻标准管理体系。公司在新版制度颁布之后，积极引入质量、环境、安全"三合一"标准管理体系，对各管理环节进行了梳理，使项目管理工作更为规范。

（八）推行项目信息化，创新项目管理手段

信息化就是对项目全过程、全方位、多角度数字化管理，达到即时监控、随时指导、数据明晰的现代化管理。

1. 施工现场远程监控

随着项目覆盖范围的扩大，远征项目日益增多，对项目的管理难度也同时增加，项目远程视频监控系统的开通，为项目施工现场管理增加了一双"千里眼"，在网上观看项目施工的现场情况，拉近了施工现场的距离，"眼见为实"，让监管更到位。

2. 项目信息数据共享

公司新发布上线的《综合项目信息管理系统》全面涵盖公司各个业务系统，将项目管理精细到每月、每天，甚至每小时的过程管理，实现项目信息数据迅速上下传递共享，大大增强了项目数据化管理。

3. 构件实行条码管理

钢构件的条码管理，仅仅通过扫描实物条码，就可以完成对钢结构构件的领用、转移、盘点、发运等操作，并生成对应的单据。目前车间计划统计人员已实现手持终端进行日常管理，实现了仓库标准化操作。

4. 引入台风卫星预警

沿海城市的台风袭击对项目的起重机械设备的使用、构件吊装与焊接、防火涂料施工等均能造成极大的威胁，公司积极探索，通过沿海城市气象部门的协助与支持，通过网络实现台风路径实时播放，第一时间准确预知台风情况，提及布防，最大限度保障安全生产。

三、钢构专业展望

当前，钢结构行业正处于蓬勃发展机遇期。中建钢构正处于调模式、促转型的关键期。为抢抓新机遇、适应新形势，我们将在以下几方面进一步努力。

1. 打造钢构"三化"

我们将加速推进"三化"进程，强化专业能力，提升项目管控能力。一是产业一体化：通过研发、设计、制作、安装、检测一体化运营，促进钢结构施工链条高效顺畅。产品多元化：稳固建筑钢构市场，拓展桥梁、核电钢构市场，进军风电、海洋钻井平台钢构市场，协调发展多元化产品，提高综合竞争力。二是业务国际化：以港澳、中东为重点，开拓北非，伺机进入北美钢构市场。深入总结澳门观光塔、澳门文化中心、澳门新葡京、迪拜双子塔、迪拜地铁等海外工程建设经验，以中标迪拜明珠塔为契机，力争承接迪拜阿布扎比新机场等工程，努力打造中建海外钢构专业线。

2. 塑造钢构品牌

钢构产品决定钢构品牌，要坚持科技支撑、打造精品、提升品牌。高端工程彰显品牌，坚持"大市场、大业、大项目"营销策略，加强区域经营、高端营销，以高精尖样板示范工程提升企业品牌。科技创新擦亮品牌，以在建复杂标志性工程为规模，精选科研课题，加强科技攻关，不断积累国内外领先的科技成果，凸显科技实力，擦亮企业品牌。

3. 创造钢构价值

21世纪是属于钢构的，未来建筑是绿色的，而钢结构施工污染小，可回收循环利用的优点，符合当今节能环保的趋势，使其成为多数超高层、大跨度、复杂空间结构的首选结构体系，这也使得钢结构将成为21世纪建筑的弄潮儿。追求更轻、更大、更高的建筑是人类的梦想，钢结构是实现这一梦想的理想选择。

Chapter

03

第三篇

标准化管理
高品质发展

以"标准化管理 高品质发展"为主题的第三届"中国建筑"项目管理论坛于2012年4月在南京召开。以南京等城市为中心的华东区域一直是"中国建筑"的重要战略区域,"中国建筑"旗下的中建工业设备安装公司、中建八局三公司等企业都是驻南京市的重要建筑企业。在南京,"中国建筑"承建了包括高铁南京南站在内的大量标志性工程。选择在南京召开"中国建筑"项目管理论坛,彰显"中国建筑"对南京业务区域的高度认可和重视。

2012年是"中国建筑"组建30周年的重要年份,"中国建筑"在新的历史起点上对项目管理的发展作了深刻思考。本届论坛主要围绕项目管理标准化展开,这是继第一届"中国建筑"项目管理论坛之后又一次在论坛上探讨项目管理标准化,可见"中国建筑"对项目管理标准化的重视程度。本届论坛站在了更新的高度,用更长远的眼光,从纵向和横向上分析了建筑业和项目管理的发展方向,指出:市场化是行业发展的主旋律,全球化是市场竞争的方向,提出了"项目管理标准化是建筑业工业化发展的必然特征"、"对标准的持续创新是项目管理标准化工作的核心内容"、"项目管理标准化的发展方向是实现集约化"等重大命题。

围绕着项目管理标准化和集约化,一些新的理念在本届论坛上得以呈现。传统上,我国建筑企业重视"形而下"的事物,如接工程、干工程;而对"形而上"的事物关注不足,本届论坛则阐述了"形而上"的知识问题,正式提出了要重视隐性的知识资源,加强知识管理,使项目管理经验和教训不断地集中在企业层面,不断地纳入到管理标准中。自20世纪80年代中后期推行项目经理负责制以来，我国建筑企业一般都把项目管理的责权利过多地加在项目部和项目经理身上，本届论坛则将项目管理明确划分为三个方面：企业对项目的管理、企业对项目部的管控、项目部的项目管理，强调企业对项目的管理和企业层级的项目管理能力建设。针对项目经理负责制可能产生的"本位化"情况，论坛上还提出了集成管理的理念，强调企业对项目进行集成管理，以实现企业各个项目之间的横向协同。

围绕论坛主题，各相关单位深入交流。信息化是标准化的重要基础，中建一局结合新特级资质就位，对项目管理信息化进入了深层次思考；中建二局上海公司南京上坊保障房项目的精细化和标准化管理取得了巨大的成效；中建三局总承包公司成立17年以来，做到了"无亏损、无挂靠、无借贷"，其全过程策划、全员实施、全方位管控的"三全"成本管理体系值得其他企业学习；中建四局近年来下大力气抓项目管理达标，以项目管理达标为手段促进项目管理标准化，显著地提升了项目管理水平；中建五局三公司推进基于标准化的精益管理，编制并严格执行企业标准化丛书，高度重视知识管理，促进了企业管理模式的不断优化；中建六局从2006年实施"向基础设施转型"战略以来，在道路、桥梁工程上取得了斐然的成绩，其转型的经验具有很高的价值；中建七局三公司成立项目管理中心，授权其对区域内项目实施过程管控，有效增强了企业后台对项目履约的支撑能力；中建八局推行的生产要素配置标准化、总承包管理标准化、现场管理标准化、商务管理标准化丰富了项目管理标准化的内容；中国建筑国际集团有限公司在香港、澳门及海外地区通过联合经营方式联合承包了许多大型工程项目，取得了良好的经济效益和社会效益，其对国际工程项目联营的风险管理方法是值得学习的宝贵经验；中建美国有限公司和中建南洋有限公司作为"中国建筑"优秀的海外机构，他们交流的经验也值得要"走出去"的建筑企业借鉴。

持续提升项目管理水平和国际竞争力，向"一最两跨"的战略目标奋勇迈进

——在第三届"中国建筑"项目管理论坛上的致辞

中国建筑工程总公司　董事长　党组书记　易军

2012 年 4 月 17 日

今年是"中国建筑"组建30周年。在这30年里，"中国建筑"在不占有国家大量资源、没有政策性保护的完全竞争市场中，发展成为中国建筑地产行业的龙头企业。2011年，公司实现营业收入近5000亿元，净利润近200亿元，预计营业规模将位居全球建筑承包商第一名，中国企业前十强。这些成就的取得既有中国建筑和地产行业高速发展的因素，也与我们持续地改进项目管理紧密相关。

国有企业是国家经济的脊梁，中央企业也被称为"共和国长子"。国务院国资委要求中央企业"做强做优、培育具有国际竞争力的世界一流企业"，"中国建筑"确定的"十二五"战略目标是"一最两跨，科学发展"。我们的一切发展策略和路径都必须围绕我们的使命和目标展开，这就要求我们必须站在一个更新的高度，以更长远的眼光、更开阔的视野、更深刻的思想，去认识建筑业和项目管理。

在纵向上，我们必须认识到：市场化始终是行业发展的主旋律。市场化的一个最根本特征就是竞争，"中国建筑"30年的成功经验也源于竞争，任何企业都不可能游离在市场经济优胜劣汰的自然法则之外，我们的竞争意识和争先精神一定要坚守中不断地发扬光大。市场化的另一个特征是分工与协作，在建筑业中，分工与协作充分体现在大量的分包以及相应的总承包管理的共同发展之中。今后，分包的细分程度会更加的复杂、更加的多元、更加的专业，对总承包管理也会提出更高的要求。因此，我们要不断适应市场的变化，强化总承包管理，不断地提升项目管理水平。

在横向上，我们要清醒地认识到：全球化是市场竞争的方向。我们的使命和目标决定了我们要在国家经济社会发展和走出去参与国际竞争中发挥中坚作用。我们绝不能站在国内第一的位置上故步自封。市场竞争，逆水行舟，不进则退。中国走向世界、世界走进中国，是全球经济一体化的必由之路。国际一流建筑企业必将携带雄厚的资本、管理和技术优势，越来越多地与我们在国内和国外两个市场上竞争，我们也必须未雨绸缪，加快提升项目管理的国际竞争能力，去迎接更大的挑战。

专业化、区域化、标准化、信息化、国际化的"五化"策略是公司确定的"十二五"重要举措，其中标准化既是"五化"策略的重要组成部分，又是其他四化的重要支撑，而项目管理标准化则是基础。近年来，我们的规模扩张和资源限制之间的矛盾越来越凸显。在这种局面下，我们一方面要加强资源的整合和建设，另一方面要以项目管理标准化为手段，提高项目管理的效率，促进集约化发展。今后，"中国建筑"旗下的项目要率先实现标准化，也要把项目管理标准化工作纳入到对二级企业的考核体系之中。我们要不断强化项目管理标准化的内涵、深度和广度，持续坚守公司对项目管理品质的追求，为客户、为社会创造更大的价值。

让我们站在新的历史起点，坚守"品质保障、价值创造"的发展理念，做好项目管理标准化工作，持续提升项目管理水平和国际竞争力，向"一最两跨、科学发展"的战略目标奋勇迈进！

持续推进项目管理标准化，创新升级
实现高品质发展

——在第三届"中国建筑"项目管理论坛上的主旨
讲话

中国建筑股份有限公司　副总裁　王祥明
2012 年 4 月 17 日

　　我们"中国建筑"在"十二五"规划中正式提出了专业化、区域化、标准化、信息化、国际化的"五化"发展策略，标准化是"五化"策略的重要组成部分，是实现"一最两跨、科学发展"战略目标的重要措施。下面，我就项目管理标准化谈三个方面的想法，供大家探讨。

一、项目管理标准化是建筑业工业化发展的必然特征

　　标准化一直伴随着现代工业的发展进程，是提高效率的重要途径。福特汽车在1913年创造的流水线生产方式就是标准化提高效率的经典案例：福特通过流水线生产，使每辆T型汽车的生产效率提高了4488倍。麦当劳的成功案例也为服务业提供了样板，作为餐饮企业位列世界500强，麦当劳的规模扩张之快令人惊叹，但它同时能保障全球所有门店品质的统一，原因就是麦当劳实现了品牌、服务、质量和管理的标准化。

　　当然，建筑业在本质上属于承揽业，和一般的工业、服务业有着巨

大的行业差异。建筑业对劳动力高度依赖，也具有一定的手工业特征。但是，工业化是建筑业的发展方向，很早就体现在学术研究、产业政策、行业实践等方面。我国在20世纪50年代即开始探索建筑工业化的课题，工厂化制作、工厂化装配已经在某些建筑类型中得到初步实现。住宅产业化（Housing Industrialization）作为住宅发展的一个重要方向，其本质含义即是标准化、工业化。

英国的建筑业非常发达，在国际上有着深刻的影响。但是在20世纪的90年代中后期，英国建筑业对质量和效率进行了深刻的反思。引发反思的是两个著名的报告：1994年的莱瑟姆报告《施工团队建设》（Latham Report：Constructing the Team），以及1998年的伊根报告《重新思考建筑业》（Egan Report：Rethinking Construction）。反思的结果之一就是：建筑行业要向制造业学习，走标准化和工业化道路。事实上，无论是在生产方面还是在管理方面，工业对建筑业的影响力都在不断增加。例如，20世纪50年代产生于日本丰田汽车的精益制造理念（Lean Production），也在20世纪90年代被建筑业所借鉴，形成了精益建造理论（Lean Construction）。

总之，建筑生产的工业化发展必然伴随着管理的变革，而项目管理的标准化必然是这种变革的应有之意。因此，从行业发展的角度来看，标准化是建筑业工业化发展的必然特征，实施标准化是项目管理的必然措施。

二、对标准的持续创新是项目管理标准化工作的核心内容

标准化管理是一个不断持续改进的PDCA循环，由四个互相关联的环节组成，即制订标准、实施标准、检查考核、修订标准。标准的水平根本性地影响着标准化管理的成效，这里主要谈一谈项目管理标准的持续创新问题。

股份公司在2009年年底发布了第一版《项目管理手册》，在全系统

宣贯和实施，去年股份公司又组织专家修订，并多次研讨，形成了第二版《项目管理手册》，拟在今年发布实施。各单位根据自身情况，也出台了配套实施手册。应该说，项目管理标准化工作已经迈出了坚实的一步。"实践之树常青"，标准的制订不是一劳永逸的，必须和实践紧密结合，实行动态改进和创新，以始终保持标准的科学性、合理性和先进性。

在项目管理标准的修订中，最重要的是要把项目管理实践中的经验和教训充分反映到新的标准中。这里，重点提一下知识管理问题。大家知道，我们已经走进了知识经济时代，知识在项目管理中的作用也越来越显著。所谓知识管理就是把经营管理中所需要的、所产生的知识进行收集、整理、共享的管理活动，而经验和教训是知识的重要内容。标准化管理可以把项目管理过程所产生的经验、教训等知识，通过标准化文件的方式加以体现，实现知识的不断积累和共享，是建筑企业知识管理的重要组成部分。

今年刚好成立一百周年的美国福陆公司（Fluor）是世界性的标杆建筑企业，美国《财富》杂志（《Fortune》）曾经将其评价为"世界声誉最好"的企业之一。福陆公司十分重视知识管理，坚持不断完善知识管理体系，并把通过知识管理体系积累的经验教训不断更新到制度和工作流程中。这些制度和工作流程适用于福陆公司的每个项目，不论项目规模大小和所在区域都执行统一的标准。英国Costain公司项目管理标准化最重要的体现之一是建立了IBP系统（Implementing Best Practice），即"实施最佳实践"系统：对于每一个项目，均由一个职业化的项目管理团队，按照一个标准化的管理体系，使用一系列标准工具来管理，其本质即是将标准化管理、知识管理、标杆管理（Bench Marking）相结合，用制度化的方法将先进经验标准化，以实现所有项目的高端同质化。同样作为建筑业百年老店的美国柏克德公司（Bechtel）把知识和经验看作是企业的重要资产，大量投入资金建设"复合型知识"管理系统，以坚持不懈地提升管理人员的能力和企业的竞争力。

我们在过去的工作中，对隐性的知识资源重视不够，甚至可以说浪费了大量的知识资源，很多经验没有得到总结和共享，一些花钱买来的教训没有被汲取。创新是企业发展的灵魂，而创新必须建立在对经验、教训不断总结、积累和共享的基础上。五局三公司要求各个层面、各个岗位定期总结，将先进经验固化为工作习惯，形成标准；六局积极延伸总部管控项目的深度和力度，通过抓亮点、树典型、剖案例，取得了良好效果；八局强力推行标准化，定期组织项目管理成果发布，及时总结提炼好的经验和做法，形成标准推广应用。他们的做法非常值得肯定和借鉴。

我们必须保证在工作中形成的知识不会因为项目的结束或人员的流动而流失，加强知识管理，使项目管理经验和教训不断地集中在企业层面，不断地纳入到管理标准中，实现横向的共享和纵向的传承，这既是项目管理标准化的要求，也是打造学习型企业、智力密集型企业、创新型企业的基本要求！

三、项目管理标准化的发展方向是实现集约化

集约化是转变经济发展方式的必然要求。党的十四大就提出"促进整个经济由粗放经营向集约经营转变"，十四届五中全会又进一步提出要下大力气切实转变经济增长方式，使经济增长方式从粗放型向集约型转变。此后，转变经济发展方式一直被中央不断强调。国务院国资委刚刚召开的"中央企业开展管理提升活动视频会议"上，王勇主任也明确提出：要实现中央企业管理方式由粗放型向集约化、精细化转变。

所谓粗放型经济增长方式，也称外延型经济增长方式，就是主要依赖资金、物资、劳动力等生产要素的投入，片面追求数量、速度和规模的扩张。所谓集约型的经济增长方式，也称内涵型经济增长方式，则是依靠生产要素质量的提高、资源的优化配置、科学的管理、科技的投入，

实现经济发展的高品质和高效率。

标准化是集约化的重要基础，集约化是标准化的发展方向。在项目利润率水平越来越低的今天，没有规模，就难以获得保障企业正常发展的利润总额。但是规模扩张是一把"双刃剑"，一旦管控不到位就会产生巨大的风险。一味地依赖经营规模的超常速扩张来维持效益水平，企业持续发展能力难以保障。事实上，个别企业在历史上遗留了一些问题，在发展中又产生了一些新问题，这些问题一直并没有得到真正、彻底地解决，只能依靠高速的增长来遮掩，一旦市场萎缩，所有问题都将暴露出来，后果不堪设想！随着经营规模的持续扩张，在资源有限的条件下，以科学的管理模式为有效支撑，进一步优化要素的投入方式，提高存量资源的利用效率，是提高项目管理效率的必然选择。当前，我们的任务比较饱满，正是沉下心"练内功"，进一步夯实基础管理工作、完善管理体系，向集约化管理转型的大好时机。

2001年以来，我们一直在不断探索、实施"法人管项目"，"法人管项目"的本质就是要加强项目集约化管理。实施"法人管项目"，我们主要是推行了物资采购集中、分包集中和资金集中的"三集中"制度，做到了合理授权、集中管理，取得了很好的效果。但是，毋庸讳言，我们的项目管理还没有达到完善的程度。项目管理下一步发展的方向是什么，又该如何实现升级？我想答案就是要进一步实现集约化。

1. 资源的集中优化配置是项目管理集约化的基本要求

资源的优化配置是提高项目管理效率的重要途径，而集中又是实现优化配置的前提。"三集中"制度有效解决了材料采购、分包、资金的集中问题，必须坚持并进一步完善。在其他资源的集中方面，我们探索得还不够，尤其是项目管理的知识方面，还需要研究有效的机制，将项目管理实践中所产生的经验和教训有效地集中起来。

资源的集中是为了在所有项目上实现优化配置，而要实现优化配置，企业层面就必须具有很强的资源配置能力。我国建筑业的改革发展过程中，一些地方建筑企业实行了项目经理承包制，资源几乎全部沉淀、固化在项目部层面，企业层面失去了控制和调配资源的能力，企业的职能无法实现，导致企业的竞争力越来越弱，甚至最终倒闭，后果可谓惨痛！所以，我们必须保证资源掌握在企业层面上，并不断提升企业层面的资源配置能力。

如果企业层面调配资源的能力不足，就会影响项目正常的生产和管理秩序，其后果显然也很严重。因此，资源的集中必须和企业层面的调配能力相互协调。如果企业不重视这种协调关系，在企业后台能力不足的情况下，盲目收权，片面地将经营管理的责任强加在项目部和项目经理身上，导致项目部层面责任过重而企业层面责任不落实，就会产生责权利关系在企业和项目部之间的另一种失衡，这也是我们必须重视的问题。

建筑企业的项目管理体制发展到今天，项目管理的职能已经越来越多地体现在企业层面。企业层面的职能不仅仅是对项目部进行管控，企业对项目的管理活动也不仅仅是检查、考评。在管理工作中，我们一般都强调责、权、利的平衡和统一，我想在"责、权、利"前还应该加上一个"能"字："能、责、权、利"，能力是前提，缺乏应有的能力，谈责、权、利没有任何意义！在上届项目管理论坛上，我提出了标准化管理能力、资源组织能力、信息化管理能力、绿色建造能力、项目经理能力等"九种能力"的建设，实际上这九种能力大部分都要体现在企业层面。今天上午，我们要举行绿色施工的倡议活动，目的就是要进一步推动绿色建造能力的建设。我们今后的努力方向就是要不断加强企业后台能力建设，以有效的保障技术及设计、采购及生产要素的组织、生产服务与控制。

八局南京南站项目多"兵种"协同作战，提前两个月完工，创造了铁路站房工程施工的奇迹。三局梅江会展中心项目的工期只有252天，北京京东方LED厂房动力站项目的工期只有100天。如果企业没有强大的资源调配能力，这样的工期是不可想象的。四局的项目管理达标考核将企业层面的项目管理职能纳入到考核范围，意在强化企业层面的管理能力，应该说是一个积极的尝试，值得肯定。七局三公司在要素集约化管理方面积极探索，将福州区域的施工分支机构整合成项目管理中心，授权对区域内项目实施过程管控，有效增强了企业后台对项目履约的支撑能力，取得了很好的效果。中建新疆建工集团四分公司以项目效能监察来促进集约化，也取得了良好的效益。

2. 提高生产要素的素质是项目管理集约化的重要内容

工程项目的生产要素包括人、材、机、资金、知识等内容，其中人是最活跃的因素，在这里我主要谈人的因素。传统上，我们建筑业是劳动力密集型行业，对劳务高度依赖，随着工程的复杂程度不断加大、技术含量不断增强，建筑业也不断地向智力密集型发展，项目管理人员的素质愈发重要，如何进一步提高我们项目管理人员的素质和劳务队伍的素质是我们必须重视的问题。

由于近年来我们的经营规模迅猛扩张，人力资源显得愈发紧张，提高每个项目管理人员的素质，进而提高劳动生产率是解决人力资源问题的一个重要途径。项目经理的能力无疑在很大程度上决定着项目管理的成败。股份公司已经在上个月发布了《项目经理职业发展指引》，建立了项目经理职级序列，完善了项目经理队伍的晋升通道，使广大项目经理能够安心于项目管理工作，不断地在工作中提高业务能力和素质。本届论坛专门邀请了股份公司人力资源部就《项目经理职业发展指引》为大家讲解，请各单位认真学习、贯彻执行。今后我们还要对其他业务序列建立职级体系，以持续提高各个业务领域专业人员的能力。

任何工程的具体操作都要由劳务来实施，可以说在今后的市场竞争中，谁拥有充足的、高素质的劳务资源谁就拥有竞争优势。目前为止，我们各单位已经建立了70多个劳务基地，今后我们不仅仅要重视劳务基地的数量，更要重视劳务基地的质量。此外，我们还要强调资源共享，要积极探索在全系统实现劳务资源共享的机制。在劳务管理工作上，目前一个重要的问题就是要提高对劳务管理工作的重视程度，进一步加强劳务管理体系建设，保证劳动力的供应，保障农民工的合法权益，维护社会稳定和企业形象。

3. 集成管理是项目管理集约化的主要特征

建筑企业的项目管理可以分为三个方面：企业对项目的管理（企业层级的项目管理）、企业对项目部的管控、项目部的项目管理（"围墙内"的管理）。以前，我们更多的是把目光放在后两个方面上，而对企业层级的项目管理关注不够。企业层级项目管理的主要任务就是对所有项目集成管理，是企业"战略管控"的一个重要体现。

20世纪80年代中后期，我国建筑业的改革实际上导致了两个"两层分离"，一个是管理层和劳务层的"分离"，另一个是企业层与项目部层的"分离"。企业层与项目部层的"分离"确定了项目经理负责制，激发了项目经理部的动力，大大提高了管理效率，但是项目经理部作为相对独立的利益主体，很容易产生"本位化"现象。更严重的是，也可能致使项目部目标与企业目标发生背离。企业的经营管理要着眼全局、考虑长远，而项目则是一次性的。企业的目标要考虑战略因素，而项目部的目标则谈不上战略性。因此，虽然项目部的目标和企业的目标在大部分情况下是一致的，但是在有的情况下也会存在显著的差异。

集成管理就是要站在企业的角度，以战略的眼光，统揽全局，将所有的项目放在一个整体的管理框架下，统一、协调地管理所有项目，以实现企业的整体目标。事实上，20世纪80年代中期以来，学术界就开始研究项目集成管理的问题，其中最具有实际意义的就是对"多项目管理"（Multi-Project Management）的研究。"多项目管理"是针对企业中实施的多个项目进行全生命周期的管理。如果说，"项目法施工"和"法人管项目"主要是着眼于对企业层面和项目部层面之间纵向关系的协调，那么"多项目管理"则主要着眼于通过企业层面的集成管理而实现各个项目之间的横向协同，从而实现企业的整体目标。

我们在具体的项目管理实践中，虽然并没有明确提出集成管理的概念，但是一些具体管理措施却体现了集成管理的思路，如中海集团的"5+3"模式通过流程、过程及责任三个保证体系，分别在微观、细观、宏观层面确保项目管理目标的平衡统一；中建安装公司实施EPC模式中强化了设计、采购和施工之间的集成；三局西北公司对"大工程管理模式"的积极探索；南洋公司对项目管理部的职能进行综合集成，等等。

集约化是项目管理升级的主要方向，标准化是项目管理集约化的重要基础。让我们站在"中国建筑"30周年的新起点，坚守"品质保障、价值创造"的核心理念，以"十年磨一剑"的精神，持续推进项目管理标准化工作，为不断增强"中国建筑"的项目管理能力和国际竞争力而努力！

3 推行项目管理标准化 促进企业科学发展

——在第三届“中国建筑”项目管理论坛上的发言

中国建筑第八工程局有限公司 总经理 校荣春

一、对标准化的认识

标准化是指在一定的范围内，为获得最佳秩序，对实际或潜在的问题，制定共同和重复使用规则的活动，其目的就是改进产品、过程和服务的适用性，保证产品质量和工作质量。当前，标准化工作得到前所未有的关注，受到企业家、管理者们的推崇和青睐，主要原因：一是标准是经验的积累和总结，标准化是制度化的最高表现形式，依靠制度管理企业上升到依靠标准管理企业，是企业管理的一次“质变”；二是标准化是科学化的基础，标准的合理性、先进性决定了标准的科学性；三是标准化是适应全球经济、融入国际市场的通行证；四是标准化是规范管理、练好内功、保持企业基业长青的制胜法宝。毫无疑问，标准化占领规则的制高点，促进企业核心竞争力的提升。推行标准化，提高了效率，增强了素质，成就了宏图伟业。

2011年，股份公司“十二五”发展规划中，明确提出了“一最两跨，科学发展”的战略目标和“五化”发展策略，即专业化、区域化、标准

化、信息化和国际化，将标准化上升到企业发展战略的重要地位。我们理解，"五化"之中的专业化、区域化和国际化是属于"发展模式"，而标准化和信息化则属于"管理手段"。股份公司提出的标准化，就是指推动各经营管理领域的流程再造、体系梳理。具体是在管理层面，推行价值观念、决策体系、组织体系、管理模式的标准化；在业务运营层面，推行商务模式、生产模式的标准化以及业务运作体系、资源配置体系的标准化，进而实现管控模式标准化、商业模式标准化、组织架构标准化、薪酬体系标准化、生产经营管理标准化。在"五化"梯次推进中，"标准化"处于承上启下的重要位置，是加强管理的基础，是提高效率的手段。

二、八局在标准化管理方面的探索与实践

企业标准化管理是一个不断制定标准、实施标准、检查考核而又不断修订标准的过程。多年来，八我局在企业发展过程中，对标准化管理的探索与实践大致经历了三个阶段。

● 第一阶段，主要目标是梳理业务流程，建立全局统一的管理体系。自1995年开始，陆续推行质量管理、环境管理以及职业健康安全管理"三个体系"，这一阶段以认证贯标为主要内容，抓企业管理运作流程的适应性、符合性，侧重于制度建设。

● 第二阶段，主要目标是导入卓越绩效模式，完善管理体系。从2006年开始，以卓越绩效为主线，融合质量、环境、职业健康安全、风险控制、财务、成本、社会责任等方面的标准和制度，进行系统整合，在全局范围内建立统一完善的卓越绩效管理体系，并于2009年成功问鼎全国质量奖，成为获此殊荣为数不多的集团企业。这一阶段突出追求卓越、创奖创牌，为企业铸品牌、塑形象发挥了积极作用。

● 第三阶段，主要目标是实施全方位整合，建立基于卓越绩效模式的全面管理体系。2010年开始，着手进行"基于卓越绩效模式的全面管

理研究"。这一阶段深入贯彻股份公司推行标准化的战略部署,通过变革生产关系中不适应生产力的环节和要素,促进了企业快速、健康发展。

步入新的发展时期,按照股份公司"十二五"发展规划作出的战略部署,转方式,调结构,创新发展模式,重市场,强管控,落实"五化"策略,坚持品质保障,追求价值创造,企业保持了快速、健康、持续发展。近三年,合同额年均增长率达到39%;营业收入年均增长率达到38%;利润总额年均增长率达到53%,各项经济指标在系统内保持领先,工程创优在行业内成效突出,截至目前,八局鲁班奖工程已经达到83个,国优工程达到67个,"中建杯"优秀项目管理奖、中国建筑杰出项目管理大奖和CI创优金奖在系统内也名列前茅。

三、推行项目管理标准化的主要做法

项目管理标准化是企业管理标准化在项目上的具体化。推行项目管理标准化,对规范项目生产管理行为、提高项目管理效率和提升项目集约化水平,意义重大,影响深远。为深入贯彻股份公司项目管理标准化工作,将2011年确定为"项目管理年",提出了"四提高一考核"目标要求,即:提高项目管理标准化水平、提高项目履约能力、提高项目盈利能力、提高项目安全管理水平、完善基于项目生命周期管理的绩效考核。在推行项目管理标准化过程中,坚持典型示范,样板引路,抓亮点,树样板,促进了项目管理标准化有效地开展。

项目管理标准化涉及项目全生命周期,内容繁多、覆盖面广、工作量大。在推行项目管理标准化工作中,依据合同承诺,围绕项目工期、质量、安全以及成本等管理目标,保履约,促创效,重点做了以下几个方面工作:

(一)推行生产要素配置标准化

1. 在项目管理资源配置上,根据合同要求、项目规模及工程特点等,明确项目类别,合理选派项目经理,同时,根据工作岗位要求,配备具有相应知识、专业、经验的人员，组建较强的项目管理团队。为了加强项目经理的培养选拔，根据对项目经理的绩效考核，推行"星级项目经理"制度，鼓励高星级项目经理承担高大精尖项目，通过此项措施，一方面促进了优秀项目经理的成长，另一方面缓解了管理资源不足的矛盾。

2．在劳务资源配置上，制定了劳务队伍企业资质化、安全生产持证化、劳动用工合同化、技术工人上岗持证化，以及建立农民工工资支付监督管理的"四化一监督"具体管理标准。按照"四化一监督"的要求，实施劳务队伍准入制度，完善过程考核办法，依据评价标准，组织年终考核评比，并将评比结果在全局范围内通报、公示。

3．在物资资源配置上，首先是实行供应商注册管理，采取"准入制"。局总部建立集中采购平台，搭建供应商资源信息库，实施供应商分级管理；其次是实行区域集中采购，通过集中采购平台构建材料物资采购价格信息库，在设立局办事处和结算中心的地区，实行集中采购招标制，按照总部监督、办事处组织、公司签约、分公司协助、项目部参与的方式管理，项目部根据施工方案和项目管理策划确定资源配置；其三是实行物资配置流程标准化，包括物资计划、供应商选择、采购及管理等环节，满足施工生产需求。

（二）推行总承包管理标准化

1．积极倡导"荣辱与共、合作共赢"的总承包管理理念，增强员工沟通、协调、照管、服务的意识，做好"五个统一"，即"计划统一、制度统一、现场平面与垂直管理统一、业主协调渠道统一、交验标准统一"。

2．编制《总承包管理手册》。明确项目总承包管理机构及其职责，理顺管理流程。以施工总承包为主线，提升高附加值服务，推行组织机构及职责分工规范统一，打造总承包项目团队。在施工的不同阶段，强化专业责任工程师制，规范总承包管理行为。

3．加强总承包管理策划。颁布《工程项目策划管理指南》并全面贯彻落实。依据招投标文件及合同，实施总承包管理策划，包括项目管理目标及计划管理、分包进度管理、质量安全文明施工管理、采购与招标管理、项目沟通管理、风险分析与对策、项目总体协调等。重视项目管理策划团队的组建，充分发挥集团、系统以及资深专家的优势和作用，履行项目策划和现场督导职责，同时抓好专业分包管理和综合服务管理工作。

4. 加强总承包过程管控。站在总承包高度、业主角度，拓展服务功能，服务领域向前后延伸。从分包进场准备、施工方案论证、物资设备审批、工序穿插组织到工程竣工验收，全面加强总承包过程照管。在复杂工程上，推进深化设计的标准化，尤其是钢结构工程、机电安装工程和装饰幕墙工程的深化设计，解决设计与施工接口及多专业立体交叉问题；在群体工程上，推行现场平面管理及垂直运输管理的标准化，实现资源共享。

5. 实施总承包管理示范工程。抓好示范，以点带面，推进项目总承包管理。当前，各业务板块项目、海外工程、BT项目总承包管理水平不断提高。南京南站、昆明机场航站楼、深圳大运会主体育场等总承包示范项目效果明显。

（三）推行现场管理标准化

1. 生产生活设施标准化。

施工现场在视觉识别的基础上，全面推行生产、办公、生活设施标准化，临时水电设施标准化，料场临时围挡定型化、工具化，生活区推行公寓化管理。

2. 推广"门禁管理"系统。

通过门禁系统，确保现场劳务工人"实名制"相关数据、各工种劳动力情况、全局劳动队伍分布情况等数据能够及时准确上传到局"项目管理信息平台"和"劳务管理信息平台"，实现数据实时查询。推进劳务实名制管理，试行劳务"一卡通"，切实维护用工人员合法权益，减少劳务纠纷。

3．落实视觉覆盖标准。

积极实施CI战略，执行中建视觉形象识别标准，施工区、办公区、生活区实行展示载体一致、标准一致、内容一致，实现了施工现场全方位视觉形象标准化，施工现场"中建蓝"的视觉形象展示了中建实力，扩大了社会影响。

4．安全管理标准化。

创新项目安全监管模式，实行项目安全"总监制"和安全管理人员"垂直管理制"；推行安全硬件设施的标准化，建立了《中建八局各种安全设施采购标准》和《中建八局安全设施现场搭设标准》；开展"安全达标示范工程"和"安全文化标准化"等活动，促进安全生产管理水平不断提升。

（四）推行商务管理标准化

1．建立"大商务"管理责任体系。

"大商务"管理是从项目投标开始，对贯穿投标报价、合同签约、标价分离、施工过程、成本管控、价款支付、竣工结算、催收清款、财务关账等全过程经济活动的管理。健全各层级商务管理责任体系，通过各业务系统之间分工协作，密切配合，规范运作，达到横向联动、过程管控、规避风险、降本增效的目的。

2．强化"营销报价、合同签约、施工过程、收款结算"四个阶段商务策划。

提升营销质量，从源头上规避风险；严把合同签订关，强化履约全过程风险防范；新开工项目商务策划率达到100%，从合同亏损点、创效点、风险点"三点"分析入手，以"及时适用、动态管理、系统联动、重在效果"为原则，编制与实施项目商务策划方案；进一步促进技术对商务的重要支撑作用，提高技术创效能力；项目风险抵押责任制覆盖面100%，做到标价分离、责任书签订、风险抵押、效益审计、考核兑现"五个环节"工作及时有效。

3. 推行"月结月清"制度，推进项目过程管控标准化。

做到项目责任书签订、总包报量、总包签证、分包计量、分包签证、资金收支、分包合同签订、技术与商务资料、物资采购与消耗等九项工作"月结月清"，同时加强竣工、结算、关帐工作。

4. 创新建立成本核算信息系统。

建立成本核算现代信息系统，通过完备的成本信息管理系统，实现项目成本管理流程的标准化和信息化，达到了项目成本（人、机、料、现场经费及其他费用）数据每日消耗的实时录入与及时核算，实现了项目成本核算与施工进度同步。

通过优化管理流程，完善管理制度，促进合理营销报价、严谨合同签约、精细施工生产、加快竣工验收、策划工程结算、及时收款关帐"六大环节"的有机衔接和高效运行，合力推进"大商务"管理标准化体系建设，继续强化"五压缩一提高"工作，努力提升项目的经济效益。

四、推行项目管理标准化的几点体会与思考

1. 制度建设是坚实基础。

八局在推进项目管理标准化过程中，以股份公司《项目管理手册》为核心内容，在项目上全面推行"三项基本文件"，即：项目策划书、目标责任书、实施计划书和"三项基本报告"，即：项目经理月报、商务经理月报、每日情况日报制度，并在项目上从岗位、制度、流程、技术、目标、现场等方面明确和量化内容与标准，依据标准抓管理，依靠制度抓落实，循"规"蹈"矩"，规范行为，大大增强了对项目的管控力度。

2. 绩效考核是有效手段。

基于项目生命周期的全过程，把项目标准化与绩效考核挂钩。对项目班子施工组织、总承包管控、现场管理、质量控制、安全控制、工期控制等工作标准，细化分解成30多项考核指标，编制项目绩效考核表，局和公

司相关业务系统，定期检查评比，汇总数据。通过阶段考核，过程兑现，提高了项目部自觉贯彻标准的积极性和主动性。在推行项目风险抵押责任制过程中，多年来始终坚持过程考核，及时兑现。通过推行标准化，提升了项目管理水平，通过推行"两制"，实现了降本增效的目的。

3. 信息技术是助推器。

信息化与标准化相伴相随，标准化是信息化的基础，信息化促进标准化的推进。通过对核心业务的梳理和优化，形成了以项目为核心，两级管理机构参与的124个管理流程，搭建了业务横向到边，系统纵向到底的信息化架构平台。经过三年多的应用，基本实现了数据采集原始化、管理流程标准化、过程管理实时化、成本控制阶段化和业务财务一体化，对业务过程可进行追溯，为管理水平的提升起到了极大的助推作用。

4. 文化引领是坚强保障。

八局"令行禁止、使命必达"的部队优良传统，造就了独特的执行力文化。执行就是贯彻到底，就是雷厉风行，立说立行。近年来，高度重视企业文化建设，开展企业文化推进年、企业文化提升年和项目准军事化活动，传承铁军精神，弘扬铁军文化，把项目管理标准化作为项目文化的重要内容来推进和落实，增强自觉性，提高主动性，强化执行力，在传承铁军精神、打造铁军团队过程中，使项目管理标准化成为一项主题内容得到贯彻、执行和落实，并成为员工的自觉行动。

八局项目管理标准化工作，虽然取得了一些成效，但更需要进一步总结经验，发扬成绩，克服不足，纵深推进。对于进一步推进标准化工作，我们也形成了一些思考，

● 一是要注意解决企业传统管理的惯性作用对标准化贯彻与推进的影响；

● 二是推进项目管理标准化过程中，要处理好传承与创新的关系、吸收与摒弃的关系。要注重传承企业管理的好传统、好做法、好经验；

● 三是需要加强对标准本身的不断修订、更新和完善，解决好标准

的适用性问题，做到与时俱进；

● 四是要抓好考核，通过建立严格的考核体系来保证项目管理标准化落地生根。

总之，项目管理标准化是一个循序渐进的过程，需要在实践中改进，在改进中完善，在完善中提升，在提升中创新，在创新中持续发展。

4 以信息化手段推进标准化工作落实

——新特级资质引领下项目管理信息化建设的思考与选择

中国建筑一局（集团）有限公司

住建部新特级资质信息化考评是近两年来企业项目管理的一件大事。因为，资质对企业的意义不言而喻，是涉及"饭碗"的头等大事，而特级资质信息化考评，可以认为主要是对于项目管理信息化的考评。近两年来，项目管理信息化工作成为了相当一部分特级资质企业项目管理不得不做的一项重要标准化工作。目前，随着新特级资质就位工作的基本结束，项目管理信息化工作又面临着一个十字路口，是继续沿着高大精尖的路子走下去，还是另辟蹊径，各种说法莫衷一是。

"十二五"期间，在"一最两跨，科学发展"战略目标的指引下，一局坚持专业化、区域化、标准化、信息化、国际化的发展策略，更加注重科技进步、创新发展。随着信息化建设及应用的大力推进，信息化应用已经渗透到企业管理各项工作中，施工企业，尤其以项目管理信息化为重点，而信息化应用不但能够实现规范标准化流程，还能提供方便快捷的信息服务。可以说，信息化为标准化奠定了技术基础，同时信息化工作的深入开展也离不开标准化的支撑作用。如果说新特级标准将信息化应用水平列入考核评价仅意味着短暂的项目管理信息化运动，那么项目管理信息化水平真正意义上的提高，却是永恒的企业资质、企业实力、企业竞争力。

一、项目管理标准化落实的具体体现在于信息化

1. 施工企业项目管理标准化建设的必要性

工程项目是施工企业的主营业务，项目管理是提升企业核心竞争力的基础，是企业获取效益的源泉，是企业整体形象的窗口。项目管理水平的高低，直接关系到企业生存和发展。加强项目管理，尤其是牢牢把握住项目管理标准化不放松，提高项目运行质量，是施工企业面临的重要课题。

项目管理标准化是规范工程项目组织行为、提高组织效益的重要手段，从根本上提高管理水平、保证工程质量、改善环境质量、建立信誉、增强竞争力；是提高工程项目工作效率，树立良好形象的重要途径，是规范工程项目管理，优化资源配置，创造效益的重要措施。项目管理标准化是把项目管理中的成功经验和做法，通过制定成标准并付诸实施，实现从人为管理到制度管理的转化。项目管理标准化的内容包括项目管理结构设计、人力资源管理、招投标管理、进度管理、成本管理、合同管理、物资管理、质量管理、安全管理、竣工管理、风险管理、设备管理、财务管理等专业管理。

2. 信息化助推标准化进程

标准化建设工作在施工企业项目管理过程中有着十分重要的地位。做好标准化工作有许多着力点，但其中很重要的是必须以信息化来推动标准化进程。这和住建部特级资质信息化考核的初衷不谋而合。住建部特级资质信息化考核从标准设置来说不强调任何信息技术，主要强调信息范围和应用。从范围来讲考评涉及基础设施建设、综合项目管理、工程设计管理、人力资源管理、档案资料管理、引导性指标等6个方面，考评涉及的信息系统功能的主要有：招投标、进度管理、成本管理、合同

管理、物资管理、质量管理、安全管理、竣工管理、风险管理、设备管理等；同时要求，项目管理系统与财务系统、人力资源系统、办公自动化系统以及档案管理系统实现数据集成。这基本涉及施工企业及其项目管理标准化建设的各个主要方面。可以说，信息化的实现需要标准化建设作为依据，同时标准化建设必然向着制度化、规范化、信息化的方向发展。

二、施工企业项目管理信息化建设现状的客观分析

随着住建部特级资质信息化考核尘埃落定，相当一部分企业不管是处于什么最终目的，经过特级资质信息化考核这一"仁者见仁、智者见智"的彻底"洗礼"，几乎全部特级施工企业都积极或被积极地投入到了信息化建设中，在信息化建设上有了长足的进步：

1. 施工企业对信息化的认识和建设能力的提高至少提前了5年；

2. 信息化建设极大地推动了企业标准化建设，加快推进企业科技进步，提升施工企业整体科技水平；

3. 一些长期重视信息化建设的企业，信息化建设更加理智，更加结合实际，更注重应用实效；一些新投入信息化建设的企业，也取得了很好的成果；

4. 近两三年的项目管理信息化建设的成果甚至超出了过去10年工作量的总和；

5. 培养和锻炼了大批信息化建设方面跨专业的人才。

但是，如果从一个非常客观的、实事求是态度出发来看待目前大多数特级资质企业的信息化建设水平，尽管很多企业自认为通过系统梳理了很多业务流程、记录了很多的业务数据，提炼了很多丰富的管理模型，我们仍然要十分清醒地认识到：作为施工企业信息化建设的核心--项目管理信息化还处于初级阶段，突出地表现在以下几个方面：

● 第一，项目管理系统赖以生存和发挥效力的管理基础尚需夯实；实用的数据交换标准亟待建立；强有力的制度保障难以落实。

数据是企业实际业务信息的表现，企业基础数据库就是需要用标准的方法和形式来反映企业过去、现在业务和不断变化的业务情况的数据集合。逐步建立和完善企业的主营业务管理系统是集团信息化建设的最重要的工作，也是衡量信息化工作成败的最终标准。但是由于信息定义与采集过程彼此独立，信息的一致性无法保证，造成数据失真。一方信息的变化无法触发另一方同步变化，管理层看到的永远是业务流程中不完整的部分。因此，为了使集团总部控制的数据库与各公司、项目控制的数据库实现数据资源共享，进行数据交换，必须实现数据库结构、编码的绝对统一和管理流程的相对统一。

到目前为止，由于种种原因，大多数企业的ERP系统遥遥无期，项目管理系统使用率也不尽如人意，最根本的原因可能就在于实用的有价值的标准难以全面建立，项目也好、公司也罢，难以从信息化的实施过程中获得直接的有说服力的收益，其实信息化的前提是标准化，施工企业信息化水平相对落后于其他行业，也在于标准化程度，特别是项目管理的标准化程度低。而标准本身又缺乏足够的总结和提炼，执行起来很可能形成墙上挂的是一套；心里想的是另一套；实际做的又是另套。

● 第二，工作中对最新信息技术、手段的运用能力有局限性

目前适合建筑行业特点和实际需要的软件还远远不能满足需要。由于各个应用单位的业务、管理、运行方式差距较大，大多数软件必须经过使用单位参与二次开发才能符合实际使用的需要。但是盲目引进各类应用软件，缺乏消化吸收，没有二次深度开发的情况还不同程度上存在。无论是系统软件还是专业应用软件企业对其的掌握理解、熟练运用程度仍然普遍偏低，最新信息技术转化为实际生产力的周期太长，这里面有软件公司出于经营方面考虑的一些商务策略和个别技术瓶颈问题，更有相当一部分，甚至是一些行业内比较有名气的公司，其产品的研发水平、

后期服务支撑力度都令人失望。

● 第三，企业项目管理信息化的理念和思路没有突破

无论在项目管理、财务、人力资源管理，还是其他系统建设，从根本上讲，大多数集团型企业还是使用单一管理系统为主的管理体系，尽管在不同业务系统之间的数据关联方面做了大量的工作，但是，由于种种原因，特别是基本技术平台的制约，项目管理还是跳不出单一管理的格局。施工企业集团普遍的信息系统建设，从应用范围上讲还是单行业、单线条作业；从管理者角度上看只是信息部门与相关部门少数人员参加的管理；从产品平台来讲，使用的也多是单一行业产品，视野有限，后续发展受到极大的制约。

另一方面，部分施工企业满足于在单点技术上的领先，视野上的局限性难以避免，单点技术上的先进性，也许明天就是管理上的瓶颈，2007年以来，国内个别知名施工企业已经上线运行的整体信息化管理系统，无论从实施效果，还是管理模式优化，以及底层技术实现平台，其先进性和可持续发展能力都已经开始走在行业的前面。

三、针对大型建筑企业集团项目管理信息化建设的一些思考

企业信息化的根本目的是借助IT技术这个特殊的工具，通过规范企业的管理，提高企业业务质量和绩效，最终真正达到提高企业竞争力这个最终目的。信息化必须由业务上的需要来驱动。无论是实施ERP、SCM或CRM，成功的前提是有实时提供准确信息数据的一线工作作风，有信息共享的企业文化，有以业务流程为导向的无边界的组织结构，有整合性的企业内外流程。随着行业内部个别先进企业信息系统建设经验教训的总结，以及世界级管理软件公司对国内建筑企业理念的逐步理解和其产品的进一步成熟，以企业主营业务管理为重点，建立一套全面的、有重大实用价值的企业资源管理系统的内、外部条件已经基本具备，需要的是企业决策者

的超强胆略，管理者的战略思维和专业人员与时俱进的探索。

为此，建议大型建筑企业集团的项目管理信息化工作应遵循几个原则：

1. 坚持做有用的、有实际效益的信息化，通过信息化助推企业管理标准化、规范化

项目管理信息化的问题，不是技术问题，也不存在政策问题，是企业的管理问题，是企业管理与信息技术相结合，在企业深层次应用的问题，是企业各级领导和员工对待企业管理的认识和态度问题，是具体落实管理流程，落实企业管理规范化、标准化的问题。因此，要做有效益的信息化。

当前项目管理信息化的最大难点，不是新系统的引进，而是如何应用信息技术实现管理观念和管理模式创新的问题。凡是一直靠强迫、被动，甚至盲目攀比上线使用的项目管理信息系统，只要一有风吹草动，信息系统的应用就会"停摆"。资金的浪费是一个方面，更主要的是严重背离了信息化在建筑企业应用的基本规律，这一点从特级资质信息化考评完成后，国内大部分企业信息化建设，特别是项目管理系统纷纷束之高阁的现象十分明显。说到底，当今的施工企业信息化建设早已过了"做个网站撑门面"、"弄个机房比阔气"的初级阶段，只要IT建设不能充分切入到企业的主营业务，即项目管理应用中来，不能发挥其在集约管理、流程规范方面的巨大作用，项目管理信息化建设出来的产品就是新时代的"北洋水师"。

2. 应用系统研发及推广应该坚持有所为、有所不为的原则

● 一方面要抓住以项目管理为重点的主营业务系统的建设，定标准、定流程，哪怕是宏观方面通用流程都可以，起码要保证全集团各单位能够在合同管理、支付管理等几个主要经营管理环节上能够在同一个平台上运行。

● 另一个方面，并不是所有的业务管理都适合通过建信息系统的方式去实现，至少在单点信息交流沟通、一般的文件共享等应用，完全可

以通过利用MSN、QQ等社会化工具软件实现，而且其效率和稳定性、易用性肯定比一般的信息系统更具优势，现在的系统不是太少，而是太多。西瓜芝麻一起抓，没有抓住主线，最后可能只学到了人家先进企业管理的皮毛。

3. 实施集团级的项目系统集中管理

实施集团企业项目系统集中管理是国有企业精细化管理的必然趋势，对于大型建筑施工企业而言有着特殊的意义：

● 第一，项目系统集中管理是由集团企业的特性决定的。集团型企业内部含有诸多职能部门和分、子公司，组织机构日趋复杂，这与一般的中小型企业具有很大的不同。从当前集团企业的管理控制模式来看，有的具有统一的战略计划，管理与控制模式从战略层面开始，属于"战略控制"。对于转轨过程中的国内集团企业，将来必将过渡到"战略控制"，因此，有效的集团管理具有更加显著的现实意义。

● 第二，对于变革中施工企业，建立集中项目管理的初衷与目的是一致的。施工企业项目大都分布广泛，遍布全国、世界，企业不仅要做大，更要做强。在集团企业规模逐渐扩大、甚至国际化后，整个集团企业资源的有效整合和共享、有效控制、战略统一、动态分配是集团企业做强，直至成为百年企业的根本，集中式管理成为必然趋势。目前我国诸多企业，尤其是集团型企业面临着项目管理困局。

● 第三，实现集团项目系统集中管理，费用上也是比较经济的。如果集团各单位自行采购，下属主营业务单位采用独立的项目管理系统，费用至少在千万元以上。如果考虑到其他如地域分布、系统、服务器、日常维护、管理人员等方面，集中管理的平均费用支出减少优势更加显著。

四、对大型建设施工企业集团模式项目管理信息化的实施思路

大型建筑企业集团，其组织结构非常复杂，往往是由多个独立法人

资格的主营业务公司及专业公司组成，在这种模式下，集团总部不可能直接参与项目的管理工作，但是又需要了解、监控项目的运行状态，这只有借助信息化的强大手段才能实现。

大型建筑企业集团，除了全集团实施ERP的企业外，各主营业务公司的信息化程度差异较大，个别先进的法人公司可能已经通过了特级资质考评，落后的法人公司可能刚处于企业信息化的初级阶段。在这种情况下，为满足集团级的项目管理需要，建议遵循以下策略：

1. 统一标准，分阶段建设

对于集团级企业，即使个别下属单位已经具备了比较完善的项目管理系统，但是通常整体基础较差，不能简单地复制推广，需站在集团的高度分阶段建设推广。

施工企业的管理是以合同为主线，一份工程合同的履行，涉及一系列相关的分项合同，如工程分包、劳务分包，材料采购、设备租赁，加工承揽等，还包括公司内相应的诸多内部合同。因此，以合同管理为主线，围绕结算、资金、支付等关键数据进行管理、监控是集团级项目管理系统初期建设的基本思想。

经过初期建设的思想普及，可以开展后续的系统深化提升，借助能够差异化部署的项目管理系统，具备管理条件的单位可以深入项目的成本管理、物资管理，实现项目管理的动态化、精细化。

2. 广度重于深度

对于集团企业管理层来说，更快地获取企业真实的整体经营状况或许比个别具体项目的盈亏更为重要。只有获取最大范围的项目关键运行数据，才能获取更真实的企业经营状况，才能体现管理价值。

大型的施工集团企业，在组织结构上，至少分为三层组织结构，机构庞大，人员众多。在组织分布上，企业机构、项目部跨地域或国家，呈现异地分布。在管理上，强调战略管理、风险控制和公司资源的整合，在业务上对分、子公司所属项目要能集中监控。由此，增加了企业管理和运营对信息化的依赖程度，并且对信息化建设和内容提出特殊的需求。在这种需求下，如果还按照以往项目管理深入成本管理、细节管理的模式，推广的难度可想而知。

3．借助财务、资金管控促进推广

无论在哪个企业，应用最规范的软件系统多半是财务核算系统，现实工作中资金手段往往也是约束力度最强的手段。财务资金信息系统一般在企业内部应该是统一的，通过对财务、资金数据的强力管控，很大程度上可以扩大项目管理信息系统的应用规模。

4．急用先上、易用先行

在项目管理信息化建设中不可能面面俱到，应按照"急用先上，易用先行"的管理信息化建设原则。抓住主要问题，专注解决主要矛盾。

五、结束语

住建部新特级资质信息化考评极大地促进了整个建筑行业信息化，尤其是项目管理信息化程度和应用水平的提高，同时，建筑行业信息化建设不断深入，亦推进了特级资质标准化建设不断完善。现在我们已经通过考核、先后"上岸"，但是，谁又能保证过几年会不会再来一次考评的"洗礼"呢？三年、五年，甚至十年以后，不管人们将如何评价这次信息化考核本身的意义，但至少在相当长一段时间是不会发生变化的，住建部新特级资质就位工作中，把企业信息化能力考评放在一个极其重要位置，明确地发出企业信息化水平的高低，不光是企业竞争力强弱的标志，而且已经成为衡量企业标准化工作发展水平的重要指标，项目管理信息化水平的高低，一定是衡量企业标准化、集约化管理水平高低的第一指标。

后特级资质时代，没有了资质考评个别类似"完形填空"般僵硬指标的限制，只要尊重客观规律，抓住重点，注重简练、实用，项目管理信息化系统一定会进一步迸发出持久的生命力。只要我们将标准化的理念、工具、系统真正意义上应用到了项目管理信息化工作的实践中，必将助推建筑施工企业进入更高层次的发展阶段。

标准化管理　精细化施工　实践性创新 打造南京上坊保障房精品工程

中国建筑第二工程局有限公司

一、民生工程见成效，广厦万千铸和谐

大规模推进保障性安居工程建设是党中央、国务院为推动科学发展，加快转变经济发展方式，保障和改善民生采取的重大举措。作为肩负社会责任的中国建筑成员企业，中建二局在公司各级党政领导的统一协调指挥下，响应国家号召，全力以赴积极投入保障房建设，于2011年04月由上海分公司承接了南京上坊保障房项目。

南京上坊保障房项目位于南京市江宁区上坊镇东麒路，总建筑面积约120万㎡，是南京市单个面积最大、合同额最高的保障房项目，主要分为住宅及配套工程2大分项。住宅工程共计58栋高层，地下1层，地上为18～26层；社区配套工程为1～6层，包括沿街商铺、社区中心、养老院、学校等配套设施。该保障房项目是由3925套产权置换房、2938套拆迁安置房、3190套公租房、廉租房等共计约10053套组成。

为了把该项目建设成老百姓的"满意工程"、"幸福工程"，让广大人民群众早日住进"安居房"、"放心房"。中建二局抽调优秀项目经理和大量经验丰富的项目管理人员共138人；组织公司内部排名前列的材料供应商、劳务分包队伍投标，择优选取施工队伍，组建了一支优秀的保障房建设团队，以一个标准（中国建筑股份有限公司《项目管理手册》），二个支撑（《标准化手册》、《底线管理手册》），三个策划（《安全文明施工策划》、《工程质量创优策划》、《工程施工创新策划》）为主体，力求实现工程质量、施工工艺、新技术应用"三个突破"，使南京上坊保障房项目拥有超越商品房的品质，实现让政府放心、业主满意、员工满意、企业满意——"一放心，三满意"的服务目标。

二、标准化管理、精细化施工，打造精品工程

项目以标准化管理为手段，促进现场管理水平的提高，强化工程质量，把标准化管理理念作为常态化的管理和要求，深入细节，通过"全方位控制"、"全过程控制"、"全员参与控制"的措施，建立健全了质量管理体系和监督体系，做到精细化施工。

1. 规范管理，实现规章制度标准化

项目从建章立制入手，秉承"施工进度领先、安全质量受控、项目管理标准、信用评价争先、成本管理高效、项目团队和谐"的管理理念，以提高管理效能为中心，结合工程项目的实际情况，建立和完善了一套有益于提高管理工作的科学性、有益于促进工程项目管理的高效性、有益于调动每位员工的主观能动性、有益于考评的实效性的各项管理制度55项、应急处置方案13项、专项措施方案14项，结构清晰、职责分明、运行稳定，形成了"实施有规范、过程有控制、结果有考核"的标准化管理体系。

2. 强化培训，实现岗位作业标准化

项目以优化人员配备为抓手，以岗位作业标准化为核心，狠抓日常培训教育，针对管理层、作业层的各自特点和业务实际，采取导师带

徒、研讨会、座谈会等形式，认真开展施工管理、质量检查、安全技术、成本控制等业务授课和交流活动，制定了各项业务工作流程图，确保每位员工都能在各自的岗位上标准作业，为标准化管理提供了可靠的人员保障。

3. 科学施工，实现过程控制标准化

在工程施工过程中，明确了"五精五细"的精细化施工思路，即：吸收其他项目精华、总结精细化施工的精髓、让全员都精通精细化施工的要求、保证关键部位精确控制、建造合格精品工程；对项目管理人员细分对象、细分职能和岗位、细化分解每一项具体工作、细化管理制度的各个落实环节，以安全、质量、工期为重点，抓细节、重落实，实现过程控制标准化。

（1）规范管理保安全

在安全管理上，做到"四个到位"：一是建立健全了安全管理体系，将安全生产的任务、责任明确落实到岗位和人员，做到"组织机构到位"；二是针对关键工序、主要环节、重点部位等编制相应的安全技术措施，做到"措施到位"；三是将高处作业、洞口防护、临时用电、群塔防碰撞、消防施工等列为安全管理的重点，严格落实安全技术措施和监控措施、安全责任和应急预案，做到"现场管理到位"；四是本着"全面推进、积极实施、持续改进"的原则，投入上千万元用于配备劳动防护用品和安全防护设施，做到"安全投入到位"。

（2）过程精品保质量

1）从合同文件入手，分解质量责任

项目在施工前把精细化要求纳入分包招标文件，区别于常规的按月度完成产值的百分比支付进度款，细化为按月度完成工程的质量考评结果支付进度款，使精细化要求关口前移。并与每一个分包单位签订了《南京上坊保障房项目安全质量责任书》，进一步加强对施工过程的质量控制力度，强化分包单位的质量控制意识，保证整体工程的质量水平。

2）从四化管理入手，落实标准做法

项目在施工过程中坚决执行四化管理，即图纸深度标准化：通过绘制模板深化图、钢筋放样图、砌体排版图、综合管线布线图等深化图纸，让一线工人直观每道工序的质量标准，达到施工简便、快捷的效果，减少了材料浪费，提高了质量和工效。材料加工工厂化：周转材料、半成品材料、结构构件实现按图集中加工，确保施工精度和现场文明。现场管理可视化：结构施工深化图、施工工艺流程图、质量标准检验表、实测实量数据表悬挂上墙。让操作工人了解掌握施工程序和做法，使管理人员及时掌握质量状态，提供防治质量通病的依据，消除各种隐患。施工现场整洁化：现场施工实施标准化、规范化，注重文明施工常效管理，做到现场整洁，成品保护到位。

3）从关键部位入手，提升工程品质

保证关键部位按精细化要求控制，是精细化施工的核心。项目将精细化做法分解落实到了每道施工工序。楼梯支模、剪力墙端头成型、砌体塞缝、接缝挂网、洞口预制块、外墙螺栓孔洞处理、阴角防水、水电管道线盒直埋、外墙保温、三次淋水试验等一整套标准化施工工艺均顺利落实运用于现场施工，于细节之处苛严用心，提升建筑品质。

4）从实测实量入手，保证精品工程

每道施工工序的验收均需检测人员将检测结果及检测人姓名标注在检测墙面，责任到人，并做到不达到验收标准绝不允许下一阶段的工作。同时对检测数据统计分析，找出质量短板的原因，对施工工艺及方案优化改进。项目对现场质量实时监控，抓住各个环节施工质量，并制定了相应的奖罚措施，奖优罚劣，100%做到实测实量，解决了老百姓最为关心的开间进深、空鼓开裂，防水渗漏等质量通病问题，确保建筑最终完美成型。

（3）科学组织保工期

项目采用三级进度计划表，将工期管控落实到每一个部门，具体到每一件事情，并成立工期管理委员会，按周召开工期例会，核对《工期管理任务执行计划书》执行情况，对项目工期自查、自评，在发现实际进度与计划进度发生偏离时，及时采取有效措施进行调整、解决，形成书面会议纪要。

4. 总结经验，实现保障房建设水平的不断超越

项目定期召开会议，认真总结标准化管理、精细化施工经验，完善项目管理制度，推广成熟的工艺和工法，使精细化工作全员化、全方位化和全过程化，做到"标准成为习惯、习惯符合标准、结果达到标准"，将标准化管理、精细化施工贯穿工程建设全过程。初步形成了以合同文件契约精神为根本，以标准化制度激励、约束、指导工程施工行为为基础，以项目成立标准化管理小组为保障，以开展落实精细化施工为关键，以月度考核标准化管理目标为手段的长效机制，使标准化管理、精细化施工再上一个台阶，进一步提升保障房建设管理水平和建设品质，确保全面完成各项目标任务。

三、实践性创新，提升企业核心竞争力

施工伊始，项目科学总结吸收常规房地产工程施工经验，建立了适用南京上坊保障房项目建设需要的组织管理模式，力求以施工组织管理体制创新确保项目质量、工期等各项建设目标的实现。制定了覆盖工程管理全流程的工程管理体系，使所有施工单位和施工人员严密受控，其运行机制和主要特点可以归纳为：

1. 经济责任层层分解的施工管理体制

（1）全面推行项目目标责任制，落实风险抵押，形成以项目经理为主，班子成员为辅的责任主体。同时，本着让员工共享企业发展成就的原则，将全员纳入责任对象，组建项目履约责任集体，对项目的工期、安全、质量、成本、文明施工等方面负责。明晰了职责分配，有力地促

进了各项施工任务的落实。

（2）强化工程网络节点目标控制，自上而下层层建立工程项目目标管理责任制，形成服从于项目建设总目标的各子目标，环环相扣的目标支撑体系。南京上坊保障房项目在实施目标管理的过程中，采用管控计划的手段，以"日查、周报、月评、季点"为管理主线，抓住工程管理的主要矛盾，对施工生产管理要求落实到项目各岗位相关责任人，重点抓好设立目标时间、下达目标和加强过程控制三个环节。到目前为止，项目累计设立和完成节点目标1000余个。层层建立目标，层层分解目标，层层确保目标落实，成为南京上坊保障房项目施工组织管理上的显著特点，有力地保证了各项施工任务优质高效的完成。

（3）加大现场施工检查督导力度，自上而下建立现场施工检查监督与考核体系，形成了有效的激励约束机制。项目把加强对现场施工情况的检查监督与考核，作为施工管理的重要工作内容和手段，作为工程管理人员最基本的职责和最基本的工作方式之一，通过定期甚至实时的现场巡视督导，及时发现解决问题，以影视手段形象化记载问题，既直观形象，又避免了责任人敷衍塞责，既增加了奖罚的透明度，又有利于被警示或被处罚单位及时整改，并对其他施工单位起到教育作用，有效地减少了重复问题的发生。

2. 严格苛求和责任可追溯的质量保证体系

施工质量关乎南京上坊保障房项目的成败，对此，项目提出了实行"质量一票否决"和"出了重大质量问题推倒重来"的严格要求。从工程建设之初，项目始终把保证工程质量作为不可动摇的原则，把握着最严格的管理力度。一是文件化的制度和规范体系。制定了一整套工艺标准化施工方案，对材料封样、多样板引路（包括交竣工样板套、样板层）、模板集中加工、整体装配式卫生间安装、利于成品保护的验收通道设置等做出具体规定。二是专业化人员和机构体系。项目设质量总监1名，质量部经理1名，各专业质量工程师25名，并要求各分包单位配备专职质检员1名，形成了自上而下、分级负责的质量管理工作队伍。三是实行规范化的工作程序和检查制度。项目要求各级质量检查人员以"学习、预见、巡视、旁站、报验、沟通"为方法，实行"班组自检、互检、交接检"、"项目自检"、"公司专检"的三检制度，并利用验收过程照片化的手段，做到质量责任可追溯。

3．施工技术创新与技术进步相得益彰

南京上坊保障房项目体量巨大，且一年内同时开工，政府及社会高度重视，政治意义及社会责任重大，必须在保障精品质量的前提下完成既定工期。这使得项目更加注重依靠技术创新和技术进步提高工程质量、加快工期进度，改变了以往主要依靠人力物力投入拼时间、抢速度的局面。通过技术创新和技术进步，破解了施工中遇到的诸多难题，使施工效率大幅度提升。

由项目主导的一批新技术应用取得显著成效。如楼面降板使用定型化模具，确保一次结构位置精准。墙体抹灰使用成品干粉预拌砂浆，内墙粉刷满挂纤维网格布，提高了灰层抗裂性能。机电埋设预制块，避免剔凿开裂隐患。排水管道采用PVC直埋技术，窗台梁特制异型构件技术，挑板、窗台增做JS附加防水技术，从而减少渗漏隐患。厨卫间采用PVC螺旋消声排水管，增大了排水能力。主体结构采用全预制PC—混凝土新型拼装技术，缩短建造周期，确保施工精准。其中，PVC排水管直埋管件施工工法已申报国家专利，现已通过初审合格。

以上这些做法经南京市质监站的推广，已在后续开工的保障房项目中被广泛采用，目前推广的《南京市统筹建设保障房项目创精品工程作业指导图册》中，采用我们的工程标准化做法图片29张，占该图册图片总数的45%。

四、"一放心、三满意"目标逐渐变为现实

南京上坊保障房项目始终坚持标准化管理、精细化施工、实践性创新，全体员工以"家"的团结与战斗力做项目，牢固树立安全第一的思想，在保证工程质量的前提下，完成了一个又一个工期节点目标，得到了南京市政府、业主以及社会各界的一致认可和好评，为中国建筑增光添彩。与此同时，项目的顺利施工，打开了中建二局在南京的建筑市场，先后承接了万科金色领域商品房项目、江宁区万达广场项目，取得了丰厚的经营成果。

6 "三全"管理贯标准 严控成本创价值

中建三局总承包公司

　　中建三局工程总承包公司成立于1995年4月，在17年的创业发展中，始终保持着高速度、高品质的发展态势，产值利润率、人均综合效益、全员劳动生产率均处于三局各公司业绩前列，共获得21项鲁班奖（国家优质工程），并且无亏损、无挂靠、无借贷。

　　在瞬息万变的市场环境中，在低成本竞争的生存法则下，中建三局工程总承包公司缘何能始终保持较高的盈利能力、高品质的发展态势，在激烈的竞争中立于不败之地？根源在于公司经过长期的实践摸索，坚持以成本管理为核心，以各层次项目策划为龙头，以过程管控为基础，总结了一套适应公司高速发展的全过程策划、全员实施、全方位管控的"三全"成本管理制度体系。

一、全过程策划，不断扩展项目盈利空间

1. 以"四个"营销贯彻"三大"营销

　　首先是实施全员营销，发动公司全体干部员工，建立营销激励机制，明确中层干部的营销责任，与干部绩效考核挂钩。其次是实施精细营销，细化建立了从项目跟踪到投标报价全过程的决策评价机制，所有项目投标都要报公司审批。在项目投标报价阶段，所有项目都必须按公司要求

成本测算，并要对项目状况、合同条件、最终报价严格评审。再次是实施和谐营销，营销的过程和项目实施的结果都要使业主、利益相关方包括竞争对手满意。最后是可持续营销，用今年的营销质量保证后年的利润，始终做到家有存粮，不至于饥不择食。

2. 重视投标策划

所有项目投标报价前，必须先进行成本测算，并由公司相关部门分析审核，满足要求的情况下方可投标。项目成本测算基础数据由相关部门通过市场询价产生，必要时采取先招标锁定成本方式，保证了标前成本和市场价格接轨。对于重点项目，在投标和合同签订过程中，要求拟派项目经理、项目总工和商务经理共同参与投标方案、报价策略的分析和合同的谈判。

3. 加强施工合同风险策划

公司高度重视施工合同管理，合同谈判前必须由公司技术、商务、法务等相关部门评审，责任单位（部门）必须就各部门评审意见。所有施工合同，必须经过部门审核、公司领导审批后方可签订。

二、全员实施，调动各团队成本管理的积极性

1. 强化目标责任管理

（1）科学制定项目管理目标。

项目管理目标主要分为两个部分：一是按合同对业主履约管理目标，二是对公司完成效益目标。项目经济效益目标作为项目考核兑现的核心指标，包括成本控制指标、风险化解指标和最终效益指标，由商务管理部牵头组织测算。成本控制目标是指项目在保证工期、质量、安全、文明施工等指标的前提下，为圆满完成工程施工任务而计划投入的各项费用总和，该目标的设定是撇开合同收入，单独考核成本管控。风险化解目标指项目完成效益指标时承担的经济风险，即下达项目效益目标时，

在项目实际测算利润的基础上，充分分析项目投标过程中的风险，额外提高项目效益指标，是项目必须通过不断开源节流手段化解的风险。最终效益目标是指公司结合项目成本测算和对承接项目的预期，对项目下达的效益期望值，是项目全面完成成本控制目标和风险化解目标的结果，最终效益指标一经确定原则上不得调整。以上"三位一体"的经济指标考核，在传统的"以效益论英雄"基础上，强调了还要"以管理论英雄"，使项目考核更加公平。

（2）合理测算项目成本

要做到对项目成本单独考核，就必须科学准确测算项目责任成本，并在实施过程中对责任成本的变化作动态调整。项目成本控制目标由公司（分公司）商务管理部门测算下达，项目在施工过程发生变更及市场变化，属于非项目可控范围，由项目申请对责任成本作调整，报公司审批后调整考核目标。调整责任成本必须遵循实事求是的原则，严禁虚报瞒报，一经查处，将根据情况予以处罚。对于项目管理控制范围内的成本增加不得予以调整，经公司（分公司）审核批准调整的责任成本作为项目成本分析和绩效考核的依据。

2．抓好过程绩效考核

（1）确保考核的公平性

项目实施完毕后都要接受公司审计部门的审计，过程中与项目反复沟通、确认，考核结论还要接受工程、物资、商务、财务等部门的会签，逐一检查项目各项目标的完成情况，公平对待每一个项目。

（2）确保考核的及时性

公司在不断强化项目基础管理工作的同时，加强了项目责任目标过程（节点）考核工作，更加注重项目实施过程的管控，提高了绩效考核的及时性，达到更好的激励效果。项目经理部在阶段（节点）完工后30日内报送阶段（节点）绩效考核申请，并报送相应资料。由公司（分公司）商务管理部门牵头，财务部和物资部参加，其他部门配合，在收到申报资料后一个月内，具体审核项目责任成本调整金额、节点成本分析资料、预计总收入预算、项目预计总成本、项目收款情况等，提出阶段（节点）绩效考核意见，报公司（分公司）主管领导审核，公司总经理审批后发放。

（3）严格落实激励制度。

考核结果一旦形成，奖罚兑现则是"现过现"。公司严格落实考核兑现的激励制度，将考核结果运用到用人上，重用业绩突出的干部。将考核结果体现到收入上，严格按考核结果奖罚兑现。对于完不成目标的，则要没收风险抵押金，不仅经济上受损失，在个人业绩、职业发展上同样受损失。公正、公平的考核及激励机制极大地激发了一线项目团队的工作热情，营造出公平竞争的良性氛围。

3. 推行项目责任目标分解下沉

除做好项目团队层面的目标责任管理外，公司还将目标责任管理进一步向各个生产管理的具体岗位延伸，将成本进一步下沉，要求各项目部结合公司下达的目标成本，按照横向到边、纵向到底的原则，将责任成本作科学的分解。对于成本责任交叉不便于分别考核的成本要素，按照各岗位对每项成本要素管控责任权重，建立成本责任考核矩阵，根据各成本要素管控效果定期考核兑现；对于一些占成本比重大、责任清晰、便于考核的成本要素则制定专项责任状，落实考核责任。通过这种多维度、全方位的目标责任管理考核体系，推动全员参与成本管理机制的形成，实现"人人肩上有责任，人人头上有指标"，提高全员成本意识。

三、全方位管控，保障项目过程管理完全受控

1. 坚持二级管理与三级管理相结合

公司按照"法人管项目"的要求，形成了"公司——项目"两级管理与"公司——分公司——项目"三级管理相结合的项目管理模式。对公司本

部，由公司直接管项目，所有项目的人财物由公司统一调度，项目负责工程质量、安全、进度、成本、文明施工管理；对区域分公司，由公司总部各部门按业务范围有效地对分公司实行规范化管理的基础上，采取公司授权的形式，由分公司在授权范围内代表公司管理项目，授权范围外的工作由公司集中管理，促进了集中与分散、控制与服务的有效融合。

2. 完善制度流程，强化执行力

为建立科学治理体系，提高企业执行力。邀请第三方按标准化和价值链管理理念梳理企业制度流程体系，进一步明确企业和项目层面的管理职责，形成战略梳理与诊断、管理大纲、制度流程手册等14项管理成果，初步建立了基于价值链的职能框架体系、制度流程体系。在此背景下，进一步完善了项目成本管理的一整套规章制度和工作流程，明晰了公司与项目在成本管理工作中各自的职责权限，规定了项目日常成本管理工作的具体流程，使成本的全方位管控有了完善的制度依据，成本管理上的执行力也得到了保证。

3. 坚持主要资源集中管理

（1）坚持人力资源集中管理

公司按照扁平化的要求，对两级机关和项目定岗定编，始终坚持项目管理团队由公司统一引进、统一调配、统一考核，对不同类型和要求的项目制定具体的人员配置标准，建立胜任力模型和岗位说明书，制定科学合理的考核指标和程序，使每名员工都能感到压力和责任。

（2）坚持分包和劳务集中组织招标

公司集中组织分包和劳务招标，项目需要使用分包（劳务）资源，必须先进行专项的策划后向公司提交申请，由公司统一进行分包（劳务）招议标、合同管理和分包结算审核。同时加强分包（劳务）项目履约过程管理，严禁项目超过授权擅自使用分包（劳务）队伍，坚决杜绝项目自签分包协议条款不严谨、执行力度不严的现象，所有分包补充协议、自签协议必须到公司备案，杜绝无合同或合同外结算。

（3）坚持物资、设备集中采购

公司坚持大宗物资和设备集中采购，通过集中采购充分发挥企业规模优势，降低采购成本。公司在总部建立良好的市场信息机制，在采购中做到"知己知彼"，从而获得价格上的优势，获取高质量的物资。同时采取灵活的采购模式，在实际招标采购过程中不拘于地域限制，推进异地采购，通过适时锁定价格、与供应商开展战略合作等采购模式，保证了公司采购成本始终处于市场的优势地位。

（4）坚持财务资金集中管理

公司采取了"收支两条线，集中管理，以收定支，有偿使用"的原则，提升了企业对现金流的掌控力度。各单位、项目所有的收款一律进入公司账户，各单位需用资金必须按程序申请，由公司根据其当月及整体收款情况，按照以收定支的原则统一审批后发放。在资金支付管理上，采取了三级申报和四级审核的流程，确保了资金支付的安全。在资金回收管理上，一方面在各单位与公司之间实行资金借贷，双向计息，以敦促各单位及时回收工程款。另一方面，建立了相应的激励措施，加强了对各单位第一责任人资金回收工作的考核，以强化催收清欠的意识。

4. 坚持项目成本过程管控

（1）落实了商务经理月报制度

公司为保证商务经理月度报告制度效果，在《手册》规定的基础上进行了延伸要求，深化了报告的具体要求，制定《商务报表》作为补充，从项目预计合同总收入、责任成本、预计总成本等方面对项目动态管理，同时对周转材料、库材、杂工、临建费、现场经费等不易控制和易被忽视的环节，还制定了专门的消耗指标统计分析表，及时有效地进行过程监控，使项目成本始终在过程中处于受控状态，并通过商务经理月报制度强化了成本管理的各项基础工作。

（2）坚持了成本分析制度

公司制定了《项目成本分析管理办法》，真实反应项目成本控制的好坏，所有项目成本分析必须全面执行合同收入、责任成本和实际成本的三算对比。项目通过每月开展成本分析工作，及时发现项目成本管理存在的漏洞，并不断改进、持续提高。

（3）坚持开展项目成本检查

公司各业务部门除了每月对项目基础工作的检查外，还由商务管理部牵头成本相关部门，每个季度对项目成本分析、商务经理月报数据和各项基础工作进行成本综合检查，及时准确、动态地掌握项目成本状况。

（4）强化内控风险管理

公司加强了审计、纪检监察等内部监督部门的建设，使监督约束体系覆盖到公司所有单位、所有项目和经济运行的全过程。建立了由纪检、审计牵头的内部物资、设备、劳务、分包等招投标监督体系，进一步规范了内部招标和合同评审程序；建立了项目过程审计、内控审计和效益审计相结合的内部审计制度，公司各单位领导离任后都要接受离任审计，除对重点项目进行过程中的审计外，所有已竣工结算的项目必须经过经济效益审计后才能最终兑现；所有经济运行的薄弱环节和敏感部位都将作为经常性效能监察的重点，发现问题及时整改，堵塞管理漏洞。

7 抓好项目管理达标　提升项目管理品质

中国建筑第四工程局有限公司

　　建筑行业经过一轮狂飙式的发展之后，随着国家宏观经济政策的调整，正在逐步向理性回归。建筑企业之间的竞争重点也由以前的规模扩张向品质发展转变。

　　近几年来，四局通过实施"三大战略"、高端对接，全局经营瓶颈彻底冲破，各生产单位任务饱满。面对建筑市场的深刻变化，我们充分认识到要保持良性发展的大好形势，实现品质发展，必须大力加强项目管理，干好项目。必须不断增强企业履约能力，通过干好项目，实现现场与市场的互动。而要增强履约能力，提高项目的管理水平，打造企业核心竞争力，就必须切实推进项目标准化管理。

一、深刻认识项目管理中存在的误区

　　要推进项目标准化管理首先必须理清思路，充分认清以前项目管理上存在的四个误区：

　　● 一是项目部层面上，项目经理权责错位。"法人管项目"的实施，有效厘清了企业层面与项目部层面之间的职责权限，人、财、物由法人管控得到了很好的落实。按照责任分工，项目经理只需要管好"围墙内"的事。这本来是一种"双赢"，既能够让企业对项目有效管理，又能让项目经理把更多的精力放在项目现场管理上，然而这一制度在实际执行过程中却走了样，使得效果大打折扣。

企业掌握了人、财、物等权力之后，并没有很好履行相应的职责，没有给予项目部足够的支持。有的项目在开工进场两个月之内都没有拿出完整的项目预算、项目策划，导致项目经理对项目没有整体的把握，这些关键的资料在很大程度上决定了整个项目的走向，而项目上并不具备独立编制项目预算、项目策划等资料的能力。企业不能够给予项目部有力支持，很多不应该由其承担的责任也压在了肩上，这种职责和权力不对等使得他们既无职权更无能力管好项目。

● 二是法人层面上，公司、分公司制度缺位。"法人管项目"的出发点是让法人直接管理项目，企业与项目部形成合力进行项目管理。

然而长期以来企业的管理责任并没有得到有效落实。其根源在于：一是项目考核检查的结果与企业主要负责人的考核脱节，项目管理的水平没有直接与企业主要负责人的年终考评、薪酬挂钩；二是缺乏对企业项目管理水平整体考核评价，好项目掩盖了那些管理混乱、效益低下的差项目，以点盖面，一叶障目。从而出现了项目管理好坏对考核兑现无关痛痒、企业无动于衷的现象。

● 三是项目检查上，系统量化的检查标准失位。以往对项目各种形式的检查都比较普遍存在着两个方面的缺陷，导致检查难以深入。

（1）检查标准缺乏系统性。过去对项目的检查以专项检查为主，综合检查为辅。对项目中存在的问题，头痛医头，脚痛医脚，一段时间内强调什么就抓什么，七手八脚分开抓现场文明、施工组织、安全、进度、质量等，往往是安全检查小组刚走，质量检查小组又来了，检查人员舟车劳顿、疲于奔命，项目部人员忙于应付检查，为检查而检查，结果是事倍功半。这样的检查越频繁，项目越乱，存在的问题不仅没有得到解决，反而会引出新的问题。

（2）检查标准缺乏量化指标。之前的项目检查能够对专项作出一些专业性评价，但对于项目整体却没有一个可以量化的检查标准，完全靠检查人员的水平，靠检查人员的经验作模糊的评价。这种综合性的检查由于受到检查人员主观认识的干扰，容易出现偏差，不够客观，说服力也不强。检查提出的意见也不够明确具体，让被检查的项目难以整改落实。

● 四是现场管理上，对项目经理能力的要求越位。企业的不作为、检查标准的模糊，这两个原因使得项目管理的优劣在很大程度上取决于项目经理的个人素质。项目经理承担了过多的责任，现场管理过于依赖项目经理个人的经验和能力，只有给项目部配备精明强干的项目经理才能满足项目管理的要求。然而按照现有的晋升模式，工作出色、管理有方的项目经理很快就走上了更高的管理岗位，使得项目经理这一最重要的职位成为企业发展的薄弱环节，这也导致了项目管理水平参差不齐。

这四个因素是拉低管理效率，导致项目管理长期在低水平徘徊的主要障碍，是挡在企业标准化进程道路上的拦路虎。

二、通过管理组合拳推进项目标准化管理

为消除这四方面因素带来的消极影响，四局紧跟时代发展的步伐，运用先进的项目管理理念，采取一系列的管理配套措施。我们密集出招，裁短管理链条，从周转材料统一租赁、材料劳务集中采购、项目经理职业化、项目部主要人员薪酬等多个方面入手，多管齐下，多措并举，形成了一股项目管理合力，为项目扁平化、标准化管理打下了坚实的基础。

● 一是对周转材料实行区域集中租赁，统一了周转材料的规格和尺寸，迈出了材料管理标准化的第一步。

● 二是对材料、劳务实行以集中采购和控制采购为形式的标准化管理。集中采购充分发挥了集团规模效应，运用现代物流配送方式，提高了采购质量，降低了采购成本，理顺了管理关系，堵塞了管理漏洞，获得了管理效益，实现了优质优价。通过材料、劳务的集中采购为项目标

准化施工奠定了基础。

● 三是大幅提高了项目部"六大员"的薪酬待遇，实现了项目部主要管理人员薪酬待遇标准化。根据项目规模大小，将全局项目经理薪酬统一分为四档，引导项目经理向职业化方向发展。同时比照项目经理薪酬水平，大幅提高了项目商务、技术、安全、材料管理、机电、设备主管的薪酬，为项目标准化管理奠定了人力资源基础。

● 四是持续提升经营质量，为项目标准化管理创造了有利的条件。近年来，全局市场经营局面大好，新接项目的经营质量也不断提升。经营局面的打开，让公司、分公司、项目部不需要两头顾，而是把主要精力投入到这些大项目之中。

● 五是大力推广工地视频监控系统。为随时了解项目动态，实时对项目进行监督、管理、指导，设立了视频监控中心，通过专门的视频系统对项目监控。

通过该系统，能够实时对工地远程监控，随时掌握项目进度、安全、质量、现场文明、劳务等各方面的情况，并根据掌握的情况对项目部指导、管理，真正做到随时发现问题、随时整改解决、随时提高管理。随着视频监控系统的推广，全面提高了对项目的管控能力。

● 六是全面推行项目管理达标。项目管理达标就是要在各项管理措施、有利条件奠定的良好基础上，再加一把火、再努一把力，把已经烧到99度的水彻底烧开，消除制约项目管理的负面因素，实现从量变到质变的飞跃，推动项目管理的科学化、标准化。

三、项目管理达标的特点及重要意义

项目管理达标具有四个方面的特点及重要意义：

● 一是标准统一，是贯彻总公司五化策略中标准化管理的重大举措。它充分吸收了总公司《项目管理手册》和局《项目管理手册》中的精华，是对总公司和局《项目管理手册》的简化、细化和量化，是对总公司标准化要求最有力的落实。它实现了项目薪酬标准化、执行操作标准化、检查考核标准化。地域不分南北，项目不分大小，一把尺子，统一量度，完全摒弃了以前依靠个人感受和经验管理项目、考核项目的弊端，对项目全面实行标准化、科学化的管理。

● 二是操作性强，是贯彻"简洁、实用、能执行"管理理念的重大实践。"简洁、实用、能执行"的管理理念是我们解决企业在发展过程中遇到的各种难题的一大法宝。形式简洁、方法实用、能够执行，一直是我们衡量一项管理制度的重要标准。项目管理达标只有150条，虽然少，但条条是关键，条条可操作，条条可考核，条条都扣住了项目管理过程中的关键点和重要环节，掌控项目施工过程中的主线。对项目机构设置、组织策划、进度、劳务队伍管理、安全、质量、设备管理、商务、收款、现场文明等十个方面的内容都作了明确的规定。项目管理达标把检查内容表格化、模式化，检查人员只需要根据检查情况对考核项做"是"或"否"的评价并打分。

● 三是责权明晰，是落实"法人管项目"的重大创新。在50条的检查标准中，有三分之一的检查项是针对企业的。这50条中提到的要求，项目部单凭自身能力是做不了的，必须由企业负责。通过这50条的检查就能够看到企业的管理责任有没有落实，管理资源是否到位。项目管理达标虽然直接检查的是项目，但实际上反映了法人的管理能力，体现了法人的管理水平，检查项目的同时也是在检查、考核企业的工作。

● 四是奖罚明确，是对新时期项目管理模式的重大探索。项目管理达标不仅直接决定了对项目部的奖罚，还和企业主要负责人的考核兑现息息相关、密不可分。把项目检查结果与企业主要负责人兑现挂钩，就使得企业要达到达标要求就必须把注意力、关注点放在项目上，主动去了解项目需要，提高检查频率，加大检查力度，解决项目中存在的问题，能够促使企业主动将管理资源、重心放在项目上，企业和项目部形成合力抓项目，抓现场。促使更多优势资源流向项目，流向基层，形成一种由下至上、深根固本的全新项目管理模式。

四、项目管理达标采取的有力举措

● 一是充分利用考核兑现的指挥棒作用。在与公司签订的目标责任书中，将项目管理达标列为五大指标之一，占60%的权重。

● 二是成立了局项目管理达标领导小组并下设项目管理达标考评办公室，监督检查与指导协调局所属各单位开展项目管理达标工作，并全面负责项目管理达标的考评工作。

● 三是制定了《项目管理达标考核奖罚办法》和《项目管理达标考核标准》，每年对在施项目组织四次全面检查。同时，根据实际检查情况，对《办法》和《标准》更新完善，目前推出了第三版。

● 四是规范项目管理达标检查工作。检查人员大部分都是从各单位抽调的青年骨干，一年更换一批。检查前组织集中培训教育，检查中严格检查纪律。同一检查组一年内不得重复检查同一项目，检查自己所在公司的项目必须回避等。通过一系列的有效措施，保证了检查工作的客观、公正。

五、项目管理达标取得的良好效果

项目管理达标推行一年多来，已经进行了一次模拟检查和四次正式检查。四次正式检查累计抽检、复检了492个项目，其中表扬奖励了55个项目，通报批评了69个项目，黄牌警告了31个项目，发放奖金近500万，撤掉了两个被黄牌警告项目的项目经理职务，让各单位、各项目大为震动。

一年多来项目达标发生了以下三个方面的变化：

● 一是实现了从抽样检查到全面覆盖的量的跨越。从2011年4季度开始，达标检查由以往对各单位在建项目的抽查改为对所有在建项目的普查，扩大了检查面，实现了全覆盖，对所有在建项目进行了一次系统的"体检"。这个跨越是艰巨的，但也是必需的。它的意义在于，使我们全面掌握了全局项目管理的水平，也使检查结果更全面、更真实、更客观。

● 二是实现了从初始运行到高质发展质的提升。在项目管理达标上，各单位经历了一个从不适应到适应，从不自觉到自觉的过程。这个过程，带来了从初始运行向高质发展渐进的喜人变化。一年多来中，全局创出了55项次质量管理一流的项目，有力提升了企业形象。

● 三是实现了检查标准从是否有，到是否好的提高。刚开始检查时，对照150条，我们主要看这一项工作做了没有，之后的检查中，抽样的量越来越大，深度也越来越深，闭合性也越来越强，切实贯彻了"先有后完善"这样一个原则，也做到了检查越来越严，要求越来越高，从而提高了项目管理达标的运行质量和检查质量。

从几次检查的情况来看，项目管理达标工作收到了实效，有力提升了项目管理水平，得到总公司的充分肯定，也得到了业主与有关地方政府的高度关注，在社会上引起良好的反响，全局项目的面貌为之一新：

1. 深刻转变了项目管理观念

经过几次项目管理达标检查，各单位对项目管理达标的意义、重要性认识更深，已经把项目管理达标作为一项日常管理工作来抓。各单位在局每季度检查一次的基础上，自觉提高了检查频率，加强了公司和项目部的自检自查。公司一级每月一次、项目部一级半个月一次的自查自检形成制度。

2. 全面落实了项目管理责任

项目管理达标实现了管理责任两个维度的全覆盖：第一是项目管理责任纵向到底。项目管理达标检查结果与各单位主要负责人的年终兑现直接挂钩，杜绝了企业管理缺位的现象。第二是项目管理责任横向到边。项目管理达标真正要考核的是企业整体的项目管理水平。实行项目管理达标有力地引导、督促和鞭策法人层面加强对项目的管理，让优势资源更多地流向项目，流向基层。

3．彻底改变了项目现场管理状况

通过贯彻项目管理达标，规范了项目现场，促进了项目现场管理，全局项目的质量、安全、现场文明都有较大提高，在一些二、三线城市，四局的项目与周边的项目存在巨大的反差，局项目好于周边项目。

4．大幅提高了项目风险防范能力

项目达标检查标准规范了商务管理流程，严格了包括业主方、监理方、分供方等在内的合同相关方的授权管理。项目部根据达标要求，完善了授权体系，做好了内业资料，特别是商务资料的收集、整理工作，有效避免了项目商务风险，为过程报量、结算以及最后的决算做好了基础工作。

5．有力推进了项目合同的正常执行

2011年末，全局竣工时付款比例在85%以上的项目占比83%，同比提高5.63%；六个月内办理完结算的项目比为80%，提高12%。

6．有效拓宽了人才培养途径

使用是最好的培养，项目管理达标成了在使用中培养人才的最好载体。第一，每年从各单位选择了30～40名青年骨干参加培训，参与检查，在实践中很快成长；第二，分上海、贵阳、广州、深圳等四个地区办了培训班，400多人参加了培训，使受训者成为达标的又一批骨干；第三，项目上年轻人占绝大多数，他们不缺热情缺经验，达标的150条教会了他们如何做好自己的本职工作，这是真正的实践培训。几轮检查下来，这些年轻人受益匪浅，进步很大。

推行项目管理达标是四局在新时期为加强项目管理的一次深刻变革，它带来了全局上下在思想观念、管理模式上的转变，是顺应企业发展要求，加快管理升级的一把金钥匙。推行项目管理达标以价值创造为核心，夯实企业根基，为打造品质四局、幸福四局奠定坚实基础，为总公司推进项目标准化管理作出有益的探索。

8 优化管理模式　推进基于标准化的精益管理

中建五局三公司

　　中建五局第三建设有限公司通过持续推进标准化管理工作，完善标准化管理体系，企业经营管理的精细化水平不断提高，实现了规模、效益的双提升。公司标准化管理成果荣获2009年度全国企业管理现代化创新成果一等奖。2011年公司合同额、营业收入、利润分别是2008年的3.51倍、2.76倍和5.7倍。

　　公司标准化管理的内涵、内容、体系构建及主要做法是：

一、标准化的内涵

　　以中建股份倡导的"五化"之一的标准化理念为指引，在贯彻执行中建股份《项目管理手册》的基础上，对公司的先进管理经验归纳总结，对各岗位、各环节的单个、零散的成功做法组织集成，将复杂的问题简单化、类似的工作标准化，以形成覆盖企业管理全过程的，易于推广复制、动态更新的企业标准。

二、标准化的内容

1. 岗位设置标准化

（1）公司总部、分公司统一部门配置、名称及职责：总部部门设15部1室2中心；分公司部门最高配置9部1室。

（2）将分公司领导班子最高配置统一设定为"二正、三副、三总师"。

（3）项目分类别设置统一的部门或配备专业工程师：总承包项目部领导班子最高配置为"一正七副"，部门设置最高标准为8部1室。

2. 管理目标标准化

通过公司与分公司、分公司与项目部分别签订目标管理责任状来考核分公司及项目部对管理目标的执行情况。

（1）二级机构管理目标（4+13考核）：

4项核心指标——合同额、营业收入、利润总额、上缴货币资金；

13项辅助指标——产品结构、项目可上缴利润率、合同付款回收率、日均存款、结算审结率、机构管理费、安全赔付损失、产品创优、科技创新、诉讼、人均培训课时、集体荣誉、管理考评情况。

（2）项目管理目标（5+1考核）：工期、质量、安全、文明施工、成本、服务。

3. 管理流程标准化

通过编制标准化丛书，实现公司所有内控制度、管理流程的标准化。

（1）《项目管理须知》

紧密结合中建股份《项目管理手册》的标准化思路及内容，依据自身管理体系和管理实践编制了《中建五局三公司项目管理须知》，构建起了项目全过程管理标准。公司将《项目管理手册》包含的18个章节、55张表格分解落实到《须知》的各个部分，对项目策划的编制与实施，项目管理目标责任书的签订与实施，项目经理月度报告、商务月度报告、每日情况报告等流程均作了明确规定，统一了标准和模板。

（2）《总承包项目策划书》

《总承包项目策划书》是《项目管理须知》重要的配套支持性文本，它从项目全过程管控的角度出发，以成本管理为核心，以进度管理为主线，将项目策划分为现场、施工、商务、资金四项策划，以分别指导项目现场布置、施工部署、风险管控、现金流平衡、增收减支等各环节的工作。

4. 施工工艺标准化

及时总结、提炼、固化施工工艺经验，编制高于行业规范的标准文件，以指导现场操作、保障工程质量，如《顾客敏感点防治标准》、《工程质量细部做法示例》、《工程验收标准》等。

5. 现场形象标准化

在中建股份《企业形象·视觉识别规范手册》的基础上，编制公司《安全生产实施标准》、《绿色施工实施标准》等，确保现场形象的美观统一，彰显企业品牌。

三、标准化的构建

（一）优化业务流程

由主要领导主持、发动全员参与，全面调研日常行政管理、施工现场管理等各个环节的业务流程，解决业务流程中存在的缺口和障碍，提高组织运作效率、降低整体运营成本。

（二）调整组织结构

依据公司岗位设置标准，调整公司、分公司、项目组织机构，明确岗位职责。

（三）编制标准化丛书

公司对标准化管理工作作深入的总结提炼，形成"三色书"标准化管理体系，并在此基础上以总公司《项目管理手册》为依据，修订形成了2010、2011版企业标准化丛书：包括一本管理大纲"红皮书"、九本专业序列管理丛书"蓝皮书"、N本操作指南"黄皮书"。

四、标准化的推动

（一）树思想

通过企业文化建设来提升全员的标准化意识，遵循"敬畏规则，尊重贡献，崇尚简单，追求精彩"的管理理念，强调制度管理、业绩导向和简单关系，为标准化管理的全面实施营造了健康、积极的思想氛围。

（二）抓培训

培训工作是推进标准化体系建设的关键。建筑施工行业的特性决定了我们很难从外部获得完全符合企业需要的培训，而公司的标准化管理体系是量身构建的，是最具针对性、指导性并符合企业管理需要的。公司通过现场培训、集中培训、视频培训、定期培训、分层培训等形式向全体员工宣讲标准化管理的相关内容，帮助大家熟悉公司标准化管理体系，从学标准到用标准，高度统一贯标的思想认识。

（三）严执行

公司通过领导带头、典型带动、强化执行三种手段由点到面、稳步推进标准化管理工作。

1. 领导带头。各级管理负责人，尤其是公司高管层以身作则，执行各项标准制度，自觉接受上级、员工及相关职能部门的考评和监督，维护企业标准制度的权威性。

2. 典型带动。在推进标准化管理的过程中，公司分两个层面发挥典型的带动作用。一是由分公司每月对所属项目综合考评，在月度排名第一的项目上举行生产月例会，现场总结、推广项目的优秀管理经验；二是公司坚持每年召开两次现场标准化推进会（2010年以后是每年一次），选择管理水平最高的项目作为会议的承办单位，该项目将被推荐在会上作典型经验交流，成为各单位学习的标杆及榜样。

3. 强化执行。公司注重培养员工的执行力，通过不断地宣贯、检查、评比、奖励将执行标准变为员工的自觉行动。如在项目经理的选择任用上，公司出台了《项目经理行为记分办法》，对项目经理工作中执行标准的情况记分，并根据不同的分值区间评定项目经理能否上岗或参与评优等。

（四）重考核

公司通过强化考核评估，构建科学合理的绩效激励机制，确保了基于标准化的精益管理的有效实施。

1. 管理考评：公司分上、下半年对分公司管理考评。考评结束后，由公司根据考评结果对各单位各线条工作进行单项打分排名和综合得分排名，排名结果与相应单位工作分管领导及总经理的绩效考核挂钩，强化了考评功能。

2. 综合考评：分公司每季度对所属项目综合考评；公司分上、下半年对项目作抽查式的综合考评。

3. 绩效考核：机关员工以半年为单位接受绩效考核；项目员工以季度为单位接受绩效考核。

（五）促提高

公司在推进标准化管理的过程中坚持持续改进和不断优化。

1. 定期总结。公司贯彻"年度线条总结、半年部门总结、项目完工总结"的做法，为标准化管理体系的完善不断积累经验。这些总结中既包含了管理的智慧，也有失败的教训，特别是公司连续承接的、有竞争优势的、效益丰厚的项目，所提炼出的总结能够大大提高公司在承接同类项目时的竞争力，也能帮助项目管理人员避免简单错误的重复。

2. 持续改进。公司每年按照"PDCA"循环原则对企业标准体系修订、执行、检查、改进。5月、10月，公司开展对项目的综合考评及对分公司的管理考评；11月，组织管理评审，评定标准体系的适用性、有效性和全面性；12月，组织对标准体系的修订改版；次年1月，颁布新的标准体系。

标准化管理的推行，简化了公司的日常管理，提升了机构的运转效率，促进了公司管理水平和项目管控能力的提升。今后，公司将不断完善标准化管理体系，进一步优化企业管理模式、提高精细化管理水平。

9 主动作为担转型重任　深度创新促管理升级

——致力打造中国建筑基础设施领军企业

中国建筑第六工程局有限公司

近几年，国家宏观经济调控加剧，尤其是房地产调控政策频出，股份公司果断决策，决定"要把基础设施业务作为一个长期性的战略支柱产业来打造"。适逢股份公司大力推行产业结构调整的重要战略机遇期，中建六局主动、勇敢地承担起了"向基础设施战略转型"的重任，制定了"631"整体战略转型目标——其核心内涵就是要通过结构转型提升中建六局业务发展质量，提高盈利能力，助推企业管理升级，集全局之力致力打造中国建筑基础设施业务领军企业。

中建六局经过六年的不懈努力和顽强拼搏，结构转型，亮点频显，有了质的飞跃，积淀起一定的技术优势和管理基础，成为中国建筑基础设施领域主力军的一支倚重力量。2011年，中建六局基础设施业务逆势上扬，在股份公司基础设施2012年度业务工作会上，中建六局新签基础设施业务合同额占比排名第一，基础设施业务营业收入占比排名第三，基础设施业务净利润增长排名第一，荣获中国建筑基础设施业务"结构调整特别奖"。

一、战略先行，坚决落实产业结构调整部署，经营结构体系建设取得新突破

在股份公司大力推进产业结构调整的整体部署下，自2011年上半年起，中建六局积极行动，率先展开了对子公司、区域公司基础设施业务资源的全面摸底调查，面对面的对子公司、区域公司主要领导作了一次深入的全局经营结构战略转型的思想宣贯。通过此次高层次、大范围的调研，进一步提高子企业主要领导的思想认识，为全局经营结构转型奠定了坚强的组织基础。同时，在深入了解市场资源、人力资源、资质资源、设备资源、资金资源等内部资源和转型发展瓶颈的基础上，认真研讨，形成了系统的调研报告，为子企业在专业方向、区域布局、结构目标以及发展路径上提出了具体实施举措。

建立了基础设施组织体系，为经营结构转型提供了组织保障。子企业主要领导高度重视，在班子成员分工中明确了分管基础设施业务的负责人，在总部管控上都设立了负责基础设施业务开拓和实施的组织机构。同时，依靠信息化网络办公平台，将各子企业的主要领导、基础设施业务负责机构、基础设施项目统一纳入基础设施业务OA平台，使信息资源更加方便快捷的共享，提高了工作效率，促进了全局范围内基础设施业务联动发展。

深入贯彻落实股份公司"专业化"发展策略，凭借基础设施事业部形成的桥梁专业化优势，将基础设施事业部生产实体业务功能，整合资源细分行业成立专业化公司——中建六局桥梁公司，实现了六局基础设施事业部管控职能与生产经营实体职能的有效分离，进一步强化了基础设施事业部的引领、服务、监控职能，为全局上下形成了整体经营结构转型的良好态势。

二、以加快全局经营结构转型步伐为目标，突出市场引领，市场营销体系建设取得新突破

● 首先，加强工程局总部的市场营销体系建设，加大市场开发力度。为做强工程局总部，适应市场发展要求，中建六局已在工程局总部设立了市场营销一部、二部、三部，2012年底前还要适机组建两个市场营销部，目的就是要发挥工程局总部在全局市场营销工作上的引领、带动作用，形成全局立体营销格局；强化市场营销各部竞争考核激励机制，下达市场营销指标，给市场营销部压担子、扛责任，把市场的做实、做大作为实现转型的突破点；要深耕已有市场资源，发挥好二级子企业市场营销网络作用，挖掘并发挥全局市场资源优势，用市场引领整体、带动转型。

● 其次，高度重视市场前端人才的培养和引进。进一步充实市场营销、融投资、投标报价、法律合约人才，壮大市场营销队伍，强化已有市场前端人才队伍的培养，提升团队整体素质；积极引入和高薪聘用金融人才、投资专家，与相关机构合作，依靠金融专家智慧和创新组装社会资源的方式，提升高端市场竞争能力；注重市场营销前端人才的职业生涯规划，强化激励机制，提升自我学习能力。

● 第三，精心培育大市场。秉承"竞争出实力，合作生共赢"的经营理念，本着谁开发、谁维护、谁受益的原则，进一步深入开拓大市场。从决策层到实施层，都做到有主管领导、主管部门和专人维护，使战略客户的维护工作做到层次分明、重点突出。充分发挥已有资源优势和桥梁品牌优势，打造精品工程，提升市场品牌营销力，发展培育一批大市场。

三、积极对接大业主、大项目，创新经营模式，高端市场营销取得新突破

紧跟股份公司发展战略，积极落实"大市场、大业主、大项目"营

销策略，锁定大项目、对接大业主、潜心研究市场开拓策略；立足高端，强化区域经营，加强与地方政府对接，以战略合作为基础，引领推进重大具体项目的实施。随着津秦客专滨海站、武汉四环线、吉林珲春、福建龙岩等大项目的逐步落实，实现了与一大批高端客户深度合作，深耕天津、重庆、东北等重点区域市场，初步形成基础设施业务"一轴两翼"的市场营销布局。

创新市场经营模式，积极探索以融投资带动总承包的市场营销新模式，在股份公司"四位一体"协同发展模式指引下，大胆尝试城市综合项目开发建设，发挥路桥专业优势和属地化优势，承揽天津海河春意桥项目。紧跟总公司发展战略，参与投资建设滨海新区塘沽南部新城综合开发项目。

以现场促市场，依托在施项目拓市场，相继签约了重庆江津中渡长江大桥、新疆嘉润电解铝厂、长春"城市之花"——综合展览馆群等一批重点工程，特别是重庆江津中渡长江大桥双向六车道，同层预留轨道交通，主跨为600m箱梁悬索桥，桥面宽41m，是世界第一大跨度公轨同层悬索桥，也是中建系统内第一座悬索桥。至此，六局在桥梁施工领域已囊括了所有现代桥梁建筑种类，在业界展现了较强的施工技术优势。

四、创新项目管理方式，强化责任体系建立，项目履约能力和企业品牌建设取得新突破

近几年，中建六局始终坚持"围绕房建上水平，依托地产壮实力，凭借路桥求跨越"的经营思路，在全局员工的共同努力下，基础设施板块培育出了新的亮点，形成了六局的路桥特色，尤其是通过强化实施法人层次管项目、"三集中"管理，全员风险抵押金管理等方面取得了较好的效果。

长春西客站交通枢纽项目在全力实施股份公司《项目管理手册》的

基础上，创新采用了"网格化"项目管理新理念，取得了单月产值突破1.35亿元的好成绩，实现了完美履约；重庆江津粉房湾长江大桥项目通过项目"双优化"措施，强力推行精细化管理，实现了超高主塔柱一天一米的行业领先水平。六局所有新上基础设施项目均采用项目班子"竞聘上岗"制和全员风险抵押金制度，取得了较好的效果，不但项目全部实现了完美履约，而且85%以上的项目提高了盈利水平。通过完善项目标准化管理，实时全过程监控项目过程实施，强化区域项目集约管控能力，加大过程考评管控力度，强化项目安全质量风险防控，在施项目管理质量有了质的突破。从2008年开始，已经连续四年在路桥领域获得国家级优质工程，其中鲁班奖3项、国家市政金杯示范工程1项。六局也因此成为中国建筑系统内，路桥鲁班奖项目数量最多的工程局。

中建六局基础设施业务高度重视管理品质提升，强化总部管控职能，强化目标责任管理和项目成本管控，强化投资项目管理，强化企业经济运营质量，企业品牌建设硕果累累，特别在桥梁建设领域成绩斐然，奠定了在系统内具有领先地位的桥梁建造能力，也形成了具有冲击力的品牌优势，成功创造出中建系统和同行业内基础设施业务的"十个第一"。

1."中国建筑"第一个桥梁BT项目工程——吉林松花江江湾大桥

2."中国建筑"市政桥梁第一项"鲁班奖"工程——大庆萨环东路立交桥

3."中国建筑"第一高墩铁路桥梁工程——太中银铁路麦家台红柳沟特大桥

4."中国建筑"第一座高速铁路桥梁工程——哈大客运专线沈北特大桥

5.中国第一条海中淤泥基层高等级公路工程——唐山滨海大道

6.北方地区第一大跨度变截面预应力连续梁桥工程——天津中央大道永定新河特大桥

7."中国建筑"第一座跨主河流域桥梁"鲁班奖"工程——松原城区第二松花江大桥

8. 黄河第一高墩刚构桥工程——清石公路黄河大桥

9. 长江上游第一座公轨两用斜拉桥，"中国建筑"第一座跨长江大桥——重庆粉房湾长江大桥

10. 世界第一大跨度公轨同层悬索桥——重庆中渡长江大桥

五、坚持科技创新、突出科技支撑引领，高端科技成果不断形成，科技品牌建设取得新突破

大力推行"科技兴企"战略，创新科技工作体制机制，健全科技管理体系；充实科技人员，强化管理职能，科技实力显著增强。依托由中国工程院院士、国家级桥梁专家等组成的专家库，对项目施工节点及难点反复论证，攻克了多项技术难关。

随着中建六局基础设施业务的不断发展，不断承接高、精、尖、难项目，科技对企业的支撑引领作用日益明显。唐山滨海大道工程"海上吹填路基高等级公路综合施工技术研究与应用"和天津滨海新区中央大道永定新河特大桥"大跨径变截面预应力混凝土连续箱梁特大桥综合施工技术研究与应用"两项成果达到国际先进水平，分别获得股份公司科技进步二等奖和三等奖。"长江上游公轨两用钢桁梁斜拉桥关键技术研究"获国资委科研立项，污水处理厂成套技术研究获课题经费支持。国家住建部科技示范工程立项等一大批高端科研成果的不断形成，科技对市场、对项目、对商务的支撑作用也日益凸显。六局正以强有力的科技品牌和实力引领着企业快速创新发展，六局的科技品牌建设在行业当中正逐步得到提高。

六、高度重视人才队伍培养，加大核心专业人才引进力度，人才队伍建设取得新突破

高度重视人才培养，通过广泛组织业务培训、导师带徒、论文答辩、技能比武等活动，坚持实行项目经理竞聘上岗制度，注重加强项目经理人才队伍建设，始终用职业化项目经理人才队伍打造提升基础设施项目施工管控水平。加强员工施工生产一线锻炼，有规划地给各类员工提供历练机会。按照股份公司统一安排和部署，完善了全局薪酬管理体系，出台了统一的薪酬指导标准。组织实施全局范围内的基础设施业务培训，逐步建立"四梯队、三层级"的培训机制，鼓励员工参加社会培训，提高全员素质和业务水平，推出了从一般管理人员到公司高管的人才培养、培训补贴制度，有力提升基础设施人才队伍素质。以创先争优为主线广泛深入开展"五比一创"劳动竞赛活动，大力发挥先进个人、先进集体的示范带头作用，助推企业发展。

强化人才招聘引进，加大核心人才引进力度，对不同层次院校毕业生实行差异化入职工资，对特殊人才实行与市场接轨的谈判工资，增强薪酬的激励作用和竞争力。组织开展"高校毕业生代表交流团走进中国建筑六局"活动。近三年，已完成招聘高校毕业生3000余人，其中211院校的毕业生占到20%。

中建六局基础设施业务通过这几年的发展，取得了突出成就，主要表现在：区域市场营销体系逐步健全，具备了冲击高端大项目的能力；项目集约管控能力增强，具备了统筹管理高、大、尖项目的能力；以合约为主线，严控项目风险能力提升，具备了项目盈利创效的能力；科技创新能力增强，具备了以项目为主体进行科技研发的能力；管理制度日趋健全，具备了精细化标准化管理的能力；人才队伍日趋壮大，具备了集中优秀人才助推工程局向基础设施转型的能力；创先争优活动的深入开展，具备了引领企业和谐健康发展的能力。

10 持续强化要素管控能力建设　推动项目管理水平不断升级

中建七局第三建筑有限公司

"法人管项目"就是在企业法人层级为了实现项目的成本、工期、质量、安全、环境等多个相互协调和制约的管理目标，而集约开展的一系列的组织、策划、实施、协调、监督、控制等活动。在生产要素管控方面，实施劳务、材料、机械设备的集约化管理，既是企业层级管理项目的基础及核心内容之一，更是"法人管项目"的具体落实。主要生产要素的集约化程度反映了企业对项目管控能力，并直接决定着项目的履约能力和盈利能力，影响到企业的信誉及品牌。不断强化、优化生产资源管理配置体系建设，是提升企业项目管理能力，持续促进管理升级的必由之路。

公司长期以来一直重视生产要素管理。从20世纪90年代中期开始，相继成立及组建了机械设备管理中心、材料采购中心、劳务评价中心、检验试验管理中心和后勤保障管理中心，同时不断创新推进，取得了很好的管理效益和"标杆"引路效应，具有典型代表意义。

一、五大生产要素管理中心概述

公司通过建设劳务、材料、设备、检验实验、后勤保障等五大管理中心，根据业务发展和市场竞争的需求，不断完善和充实管理内涵，已形成了"公司决策，中心实施，项目执行"的主要生产要素"集采"管控体系，增强了公司全产业链运营能力。近两年来，各管理中心在充分发挥要素管理支撑和资源培育配置职能的基础上，在促进实体经营和创效收益方面取得了新的成效。

1. 劳务管理方面：在现有劳务管理中心劳务评价的基础上，进一步深化劳务队伍和班组建设工作，积极培养、建立自有劳务基地。

2. 材料管理方面：以材料管理中心为主体，与厂家建立直接的、长期合作模式，进一步减少采购环节，缩短采购链条，有效降低采购成本。

3. 机械设备管理方面：在既有设备和资源的基础上，扩展机械设备管理中心融资租赁业务及品种，以满足公司对大型设备的需要，部分常用机械设备主要采取市场集中租赁方式。

4. 试验检验管理方面：在充分发挥原中心"项目材料试验检验基地、新产品研发试验基地和新产品生产基地"三项职能的基础上，通过与中建商品混凝土公司的合作，实现参股成立主核心市场的商品混凝土搅拌站，努力走检验试验、研发与生产相结合的道路。

5. 物业管理与后勤保障方面：在后勤保障管理中心既有房屋租赁、保安服务和物业服务的基础上，快速建立起一支专业化、职业化的项目后勤保障团队，承担起项目临建设施等的搭建和租赁管理，逐步形成标准化作业流程。

二、五大生产要素管理中心运作思路

（一）用心管劳务，持续推进劳务集中采购工作创新

1. 优化劳务结构，培育劳务资源

积极推行劳务评价分层管理，将劳务队伍（班组）划分为核心层（A类）、基本层（B类）和配合层（C类）。通过着力培育核心层、稳定基本

层、发展配合层，逐步形成了以核心层为骨干、基本层为主力、配合层为补充的劳务用工格局。在任务分包方式上，中心直属的劳务公司以劳务班组清工承包为主，同时向模板、外架专业分包实体转化，推动建设劳务培训基地，形成适应不同项目情况，多种方式灵活经营的局面。

2. 严格劳务集中采购与招标管理

制定了劳务采购招标及评价实施办法，建立了劳务采购平台。劳务采购过程阳光透明，做到了四个公示：招标文件网上公示、招标结果网上公示、劳务招标参考价格网上公示、劳务评价结果网上公示。

3. 规范劳务分包商（班组）的评价管理

制定了劳务队伍信用等级评价实施细则。公司对工程项目使用的劳务分包商（班组）进行考核评价，定期发布合格劳务分包商（班组）名册。目前在册劳务分包商26家，有劳务班组324个，约2.4万余人。劳务评价工作分区域进行，以区域公司人员为主体评委，力求评价的真实性和实用性。

4. 强化区域管理，确保生产经营平稳有序

随着公司经营项目的不断增加，劳务公司对接的范围也在不断扩大，劳务公司继续实行区域化管理，将现有项目划分为：福州区域、厦门区域、泉州区域、天津区域、山东区域等区域。区域负责人由公司班子成员担任，并将机关科室人员、项目劳资员纳入区域管理考核，达到强化管理目的。

5. 持续改进"实名制"管理，避免劳务纠纷

自2006年起，劳务公司便致力推行"实名制"管理，现场设专职劳务管理员，规范用工管理行为，保证农民工的合法权益。项目安装了指纹打卡机，便于更好地掌握务工人员出勤情况，预防并减少劳务纠纷。

6. 下一步创新劳务集约化管理的措施

● 一是进一步加快劳务资源培育步伐。积极培养、建立自有劳务队伍，切实加强劳务工作。

● 二是进一步扩大劳务采购范围。充分挖掘社会有实力的资源为我所用，扩大劳务资源的范围，提升劳务集约化的质量，为项目部提供更为优质的履约服务支撑。

（二）用智集材料，持续强化提高材料集中采购的创效能力

1. 制度规范，体系保障

制定了明确的材料集中采购管理办法，从实施集采的项目范围、采购权限、招标方式到集中采购的核心内容和流程都给予了明确界定，同时制定业务标准化手册，为项目材料集采工作的开展提供了制度依据和方法指导，进一步规范了材料管理业务工作。

2. 信息透明，沟通顺畅

材料管理中心定期将供应商名录和所有集采材料价格等信息在公司的OA办公平台上公布，做到信息公开透明，有效解决了分公司与项目在价格上的争议。同时设置区域采购经理，及时协调供应商与项目部之间的关系，保证供货的准确与及时，项目现场零投诉。

3. 材料集中采购的成效

材料到货及时率达98%，采购材料质量合格率100%，资金回收率100%，有效盘活了公司的资金。同时，通过实施集中采购，降低成本。

4. 下一步的推进措施

● 一是扩大物资集采范围。除做好钢材、水泥、混凝土集中采购外，今年计划将桩基、配电系统、水电材料、CI用品等纳入统一采购范围。

● 二是发挥贸易公司的对接能力。2011年成立的贸易公司正式运营，加大对接厂家采购范围，实现"低价锁定、跨期采购"的目标。

● 三是深度推进与供应商的授信合作。充分挖掘银企商三方资源，拓展公司和各大银行良好合作，充分利用金融工具。目前公司与10家A类供应商及银行之间已形成联动。

（三）提升机械设备集中管理对履约能力的支撑

1. 努力打造福建省内高端水平的设备专业管理团队

公司机械设备管理中心的资质为起重设备安装工程专业一级。现有

管理人员 40 人（其中8人为福建省建筑机械专家），特殊工种人员 78 人。连续六届（1999~2011年）被评为全国施工企业设备管理优秀单位，多人被评为全国设备管理优秀经理和先进设备工作者称号。

2011年申报1项国家专利（施工升降机升降节防冲顶装置）、获得国优QC成果1项（提高QTZ160塔机基础预埋质量）、获省级工法1项（吊拉式电动附着升降脚手架施工工法）、获总公司科技论文二等奖1篇（附着式升降脚手架支承结构改进）、在省土木学术年会上交流科技论文2篇。

2．坚持大型设备的集中租赁，从源头上把住设备的准入关

2011年公司在用大型设备：塔吊145台，施工电梯189台。设备使用情况良好，未发生设备安全事故。这些设备主要通过公司内部租赁和向外部专业公司租赁二种途径。

（1）省内大型设备的租赁：严格按照公司起重机械管理规定，明确要求福建省内所有项目使用的大型设备应由公司的机械设备管理中心统一租赁、管理。当公司的自有大型设备数量无法满足使用要求时，由公司设备管理中心统一向外租赁。由于实行统一租赁、管理，使公司大型设备的利用率、完好率得以保证，同时从源头上杜绝一些机况差、性能落后的设备进入现场，保障现场大型设备的有序、规范的使用。

（2）省外项目大型设备的租赁：在福建省外项目设备的使用，由各区域公司在公司建立的合格设备租赁公司中统一选择、租赁。通过建立合格租赁公司名册，可以避免各区域公司由于对设备性能不熟，盲目租赁一些服务差、维修保养不及时、性能落后的设备。通过采用公司统一的设备租赁合同和拆装合同，以及建立的合格设备租赁名册，从源头上保证进入项目现场大型设备的可靠性，有效降低了租赁大型设备的使用风险。

3．坚持大型设备检查制度的落实，消除设备的安全隐患

设备的安全使用是保证项目施工进度的关键因素，抓实安全工作是设备管理的重点。公司对设备管理实行公司、分公司、项目部三个层级

的定期检查制度。公司机械设备管理中心每月专门组织技术人员对各项目设备开展检查，对发现的隐患下发书面限期整改通知书，专人跟踪落实项目整改情况。

4. 加大自有设备投入，提升市场竞争能力

2011年公司与交通银行正式签订了融资租赁合同，为加快大型设备的更新投入步伐提供了资金保障，着重将加大对高、大特殊设备的采购投入力度。计划在2012年全面完成融资租赁合同的设备投入，使自有设备占有率达50%以上，提升对抗租赁市场风险能力。

（四）对接股份公司高端专业资源，检验试验中心组建运行商品混凝土站

基于目前公司的市场份额、区域化的定位，充分利用总公司专业化公司的优势，2011年公司与中建商混凝土公司以股份合作的形式，成立了中建长通（福州）商品混凝土公司，按照打造成为福州市高科技、最环保的商品混凝土搅拌站目标，各项运营工作有序推进，去年四季度已实现生产供应。

（五）提高快速进场能力，后勤保障中心对临建实施统一配置、管理

制定了项目临时设施建造实施办法。由后勤保障服务中心（原物业保卫管理中心改组而成），对项目临时设施负责统一策划与实施。目前，后勤保障服务中心已和雅致集团、福建华宇签订活动房VIP客户战略合作协议，并在福州海峡奥体等项目开始实施，迈出了项目临时设施集中管理的第一步。

实行法人层面临时设施的统一管理，一方面在项目部管理人员偏紧的形势下，可以快速、标准地推进项目前期准备工作，降低项目部的前期施工准备工作量，使其集中精力做好施工组织策划及资源准备；另一方面提高了临时设施的周转使用率，合理回收残值，降低使用成本，同时提升了现场文明施工及企业CI形象的标准化水平，树立了企业良好履约形象，赢得了业主的赞誉。

三、集约化管理实施的体会和效果

通过材料、劳务、机械设备的集约管理，集采的工作力度和效果显著提高，促进了全司的营业额指标、履约水平、效益、运营质量等管理成效持续提升。

● 一是深化了全员对集采工作的认识，打造优质、高效、公正、模范的法人层面管理中心平台成为共识。实施要素的三集中，可以积聚更多的优势资源，为企业提供强大的履约能力，打造品牌，产生效益。全体员工从大局出发，支持三集中工作，思想统一了，步调也就一致了。公司法人层面集采中心只有优化流程，透明过程，苦练内功，为区域公司及现场项目提供专业、公正、令人信服的管理能力与服务水平，三集中工作才能得到更好的支持，进展的更顺利。

● 二是通过实施绩效考核，公司新开工项目集采得到全面覆盖。公司将主要要素的集采指标完成情况和领导班子绩效挂钩，有效地促进该项工作的推进。全司新开工项目劳务集采、物资集采、大型设备集中租赁均得到有效落实，全面完成了工程局下达的集采工作目标。

● 三是增强了现场履约能力，赢得更多市场份额。在公司全年营业额同比增长33%情况下，在建项目工期履约能力得到快速增强，顾客满意度达到98.7%。

● 四是促进了公司工程项目的盈利水平提高，五大中心的创效价值更加显现。

11 落实项目标准化　助推企业创辉煌

中建八局第三建设有限公司

推行标准化管理，实现高品质发展，是公司为之追求的奋斗目标。近年来，公司按照总公司《项目管理手册》要求，积极推行项目标准化管理，助推了公司快速发展，主要经济指标连续多年在中建系统名列前茅。

一、坚持品质营销，推行市场工作标准化

推行项目标准化管理的源头，就是坚持高品质营销，承接高质量项目。我们认真落实总公司《项目管理手册》中关于项目启动及策划、投标管理等要求，从信息筛选、立项评审、投标策划到合同签订等环节制定了一整套标准化流程，积极推行市场营销工作标准化。

1. 优化区域经营，提高区域市场集中度

首先是优化公司总部所在地江苏区域市场，以南京为中心，加大苏南、苏北市场的开拓力度，使苏州—无锡—常州—南京—徐州连成了一片，成为公司发展的主阵地。其次是大力发展区域经营，根据市场形势的发展变化，积极调整市场占位布局，培育区域竞争优势，初步形成了以江苏为中心、涵盖北京、天津、上海、重庆等地"1+4"经营区域的大市场格局。在大客户培育方面，立足现场抓市场，以精品树形象，以践诺赢客户，与大客户建立了良好的合作关系，取得了很好的成效。

2．立足高端，实行差异化营销

我们充分发挥大型施工企业技术、资金、人才和管理优势，立足高端、兼顾中端、摒弃低端，把高、大、特、新、尖项目作为营销首选，积极承揽大体量、标志性工程。对重大项目，公司主要领导参与全程策划，精心设计每一环节，研究对策，落实责任，并确保每个环节到位有效，取得了显著成绩。近年来，公司在南京地区先后承建了奥体中心、高铁南站、禄口机场、金陵饭店、青奥中心、江苏银行、新华报业等一大批省市重点工程，仅南京河西新城区，在建和已完工项目就达15个。中建旗帜在南京一个个标志性建筑上高高飘扬，充分展示了中建铁军在南京的市场地位和巨大影响力。

3．紧跟市场导向，优化产品结构

公司紧跟市场形势和国家投资导向，积极调整产品结构，重点向机场、车站、公路、水务、轨道交通等基础设施领域渗透。先后承建了一系列有影响的基础设施项目：南京地铁、无锡地铁、重庆地铁、京沪高铁南京南站、火车站北广场、汽车南站、禄口机场新航站楼等。

二、坚持过程管控，执行现场管理标准化

我们坚持"干一个成一个、干一个赢一个"的项目管理理念，执行项目现场管理标准化，强化过程管控，铸造精品工程，不断提升项目综合管理能力。

1．精心做好项目管理策划，实行规范化运作

对所有中标项目均实行两级策划，即公司层面的"项目管理策划"和项目层面的"项目实施计划"。"项目管理策划"由公司工程部牵头，项目主要管理人员参与，各职能部门共同制定，包括工期、质量、安全、成本等22项内容，侧重于项目管理整体的指导和规划。"项目实施计划"由项目经理牵头，项目全体管理人员参与制定，包括项目生产管理、分

包管理、资金管理等20项内容，侧重于具体安排和实际操作。通过"项目管理策划"和"项目实施计划"的编制，使各部门工作真正参与到项目管理中，加强了对项目的整体定位和把控。同时使项目部对公司各项管理有了深入理解，促进了项目管理水平的提高。

2. 切实抓好过程管控，提升项目履约能力

项目履约主要是工期履约和质量履约。工期管控方面，将重点项目实施重点监控，项目实行《项目经理月度报告》和《监理例会纪要》月报制度，及时掌握各项目情况，每月进行进度检查通报。新金陵饭店项目位于南京商业中心新街口闹市区，备受各方关注。为确保履约，公司领导深入现场，积极沟通各方，理顺总分包关系，制定措施保证了节点工期受控。《现代快报》以整版篇幅对新金陵饭店"四天长高一层的进度"进行了报道。京沪高铁南京南站项目，是全国瞩目的重点工程，不仅工期紧，而且质量要求高。我们严格按照《项目管理手册》要求，编制了《工程质量创优方案》和《创优实施细则》，将实施细则进行专业分解，使各个专业按照分解的要求进行合理科学的组织施工，把创优要求分解到技术交底中，使创优要点落实到每一个施工环节，尤其在承轨层清水混凝土梁柱的浇筑过程中，项目部多次组织专家论证，使施工质量得以保证和提高。通过每道工序的严格控制、详细分解和样板引路，最终达到产品一次成优，得到住建部、铁道部和江苏省住建厅领导的高度评价，成为全国铁路站房建设的新标杆。

3. 抓好成本管控，提高盈利能力

以标价分离、责任书签订、风险抵押、风险防范、过程控制、考核兑现"六大环节"为抓手，着重抓好商务策划和考核兑现，促进项目管理精细化，提高管理效益。

三、坚持文化引领，实行团队建设标准化

铁军文化是八局企业文化的核心，公司坚持以传承铁军文化为主导，认真抓好项目文化建设，打造铁军团队。

1. 以铁军文化建队育人，提高项目执行力

各项目按照公司编制的《项目准军事化员工管理手册》要求，大力推行准军事化管理，借鉴军队管理经验，把军队严明、规范的管理作风，引入项目日常管理，以军人的严整风纪培养员工的行为习惯，实现项目管理标准化和团队建设标准化。南京火车站北广场等26个项目将准军事化管理效果与项目员工工作业绩、执行力等内容挂钩进行考核，做到周周有检查，月月有讲评。有效地推进了员工思想政治、业务素质、工作能力、作风建设，增强了团队凝聚力，提高了工作效率，促进了项目管理水平的提高。

2. 打造品牌项目部，提升企业形象

公司制定了品牌项目部创建标准，着力打造特色品牌项目部，加强项目团队建设。主要有：注重成本管控的精细化管理项目部；争创国优、鲁班奖的质量创优项目部；争创省级安全文明工地的标化项目部；工程优质、干部优秀的"双优"项目部。通过打造特色品牌项目部，树立了公司的市场新形象，赢得了良好信誉。2006年以来，公司先后创省部优工程36项，市优工程25项，其中有10项工程荣获"鲁班奖"和国家优质工程奖；省市级文明工地39个，有3个工地荣获国家级文明工地。公司被中国建筑业协会评为"创鲁班奖工程特别荣誉企业"。

3. 开展廉洁文化建设，增强廉洁从业意识

按照总公司廉洁文化进项目考评标准，公司所有在施项目廉洁文化建设做到与CI同步，统一规划、统一布置、统一评比。近年来，在新金陵饭店、新华报业、南京岱山保障房等20多个项目开展创"双优"（工程优质、干部优秀）、保"双安"（人身安全、政治安全）、"求双效"（经

济效益、社会效益）系列活动，增强了业主及社会各界的认同。有三个项目被评为总公司和南京市廉政文化示范点，公司被评为江苏省廉政文化示范单位。中建总公司和八局先后两次在南京召开"廉洁文化建设年"现场推进会，交流、观摩我公司项目廉洁文化建设成果。

近年来，我们通过大力推行标准化管理，促进了项目管理水平显著提升，推进了公司快速发展，使公司逐步走上了健康发展的轨道。主要经济指标连续五年以30%以上的增速实现大幅攀升，近三年连续在中建系统排名前列。公司先后荣获全国优秀施工企业和全国建筑业先进企业，连续五年荣获江苏省建筑施工企业综合实力30强。

12 以设计带动工程总承包　提升企业核心竞争力

中建工业设备安装有限公司

"十一五"以来，中建安装实现了跨越式发展，新签合同额、主营业务收入每年均以30%以上的速度递增，企业的综合实力和品牌信誉也显著提升。这些成绩的取得，不仅源于公司的区域化经营，专业化发展，标准化、精细化管理，更得益于公司不断推进产品结构的转型升级，大力实施向EPC模式转变的高端发展战略。几年来，公司在充分发挥施工总承包优势的同时，通过对设计能力的培育和提升，已初步走出了一条设计引领EPC工程总承包的发展道路，既增强了企业的盈利能力，又提升了企业的核心竞争力。2011年，公司的石化EPC项目合同额已达公司合同总额的20%，在推动企业转型发展、持续发展的进程中发挥了突出作用。

一、公司发展 EPC 模式的历程

随着我国建筑行业的快速发展和市场竞争的日趋激烈，中建安装作为以石化工程为主营业务的大型安装施工企业，如果仅限于单一的施工承包管理模式，发展质量和发展前景必将受到影响。因此，为进一步提升企业市场竞争能力，公司审时度势，结合自身实际，决定向建筑产业链高端延伸——推进EPC模式，即以设计为引领，积极探索石化工程设计、采购、施工一体化服务，不断提升企业的专业化水平，推动企业的高品质发展。

公司发展EPC模式主要经历了以下两个阶段：

1. 设计能力培育阶段

石化行业是我国工程建设领域最早推行EPC模式的行业之一。经过30多年的发展，该模式已成为石化行业广泛采用的工程承包方式。而石化EPC模式是以设计为龙头的，建筑企业要想进入石化工程总承包市场，就必须拥有相应的设计资质和设计能力。因此，公司充分认识到设计在石化EPC工程总承包中的重要作用，于2005年成立了石化设计院，并从外部引进了一批高端设计人才，提高了设计能力。2008年，公司又收购了一家以化工石化医药工业设计为主的综合性设计院——南京医药化工设计研究院，建立起一支近200名设计人员的设计队伍，进一步壮大了设计实力。

目前，公司已建立了专业配套、经验丰富的设计团队，拥有了化工石化医药行业甲级、建筑行业建筑工程甲级等工程设计资质以及相应压力容器、压力管道设计许可证和工程咨询资格，为公司实施EPC工程总承包创造了条件、奠定了基础。

2. EPC模式实施发展阶段

近三年，公司在设计引领下，承接了以浙江信汇5万t/年丁基橡胶、山东东辰20万t/年芳烃、宁波浙铁大风化工为代表的多个EPC项目，并在项目实施过程中完善控制体系，积累管理经验，培养锻炼人才，达到了预期目标，获得了良好收益，极大地增强了公司深入推进EPC模式的信心和决心。

以浙江信汇5万t/年丁基橡胶工程为例，该项目是采用国产技术建设的具有较高技术难度的石化装置。目前，国内只有一套从意大利引进的类似装置，且此装置在建成三年后才实现正常运行。在此背景下，公司在承接浙江信汇项目后，充分消化和完善业主提供的工艺包，并着力发挥设计、采购、施工一体化优势，使项目建设取得了各方满意的效果。

● 第一，工程质量一流。该项目建成后15天就一次性投产成功，远远低于业主原定的半年才能投产的预期。

● 第二，有效缩短工期。项目从规划设计到建成投产仅用了二年时间，建设期缩短了三分之一。

● 第三，企业品牌影响力明显提升。由于工程质量好、建设周期短、产品生产运行平稳，公司的管理能力和技术水平得到了业主的高度评价和充分信任。

在这一阶段，公司根据中建股份《项目管理手册》，结合EPC工程承包模式的实践和体会，并借鉴国内外工程总承包管理先进经验，编制并颁布了《中建安装EPC总承包项目管理手册》（以下简称《EPC手册》），作为公司实施EPC模式的标准化管理文件。《EPC手册》确定了EPC管理的总工作流程，明确了设计、采购、施工管理的工作内容和职责分工，建立了三者相互衔接的控制程序，使公司EPC管理的架构更清晰，流程更顺畅。公司从项目营销阶段的立项启动开始，到组织EPC管理策划、确立EPC管理目标、建立EPC实施组织机构、制定总承包管理方案和各阶段管理工作计划、组织实施、开车以及验收交付等各个管理环节，均严格按照《EPC手册》要求进行标准化管理，将传统的项目标准化管理融入EPC管理全过程，使公司的EPC管理更趋规范、科学。

二、公司在 EPC 模式重点环节中的实践

1. 实行矩阵式EPC总承包管理架构

EPC工程总承包模式对项目管理及公司职能部门都提出了更高的要求。随着EPC项目的增多，公司充分认识到矩阵式管理在EPC工程总承包中所具有的诸多优点：对公司而言，便于管理资源的使用调配，形成管理合力，达到资源的合理利用，有利于对技术人员、管理人员的培训、

考核和管理；对项目部而言，便于项目成员间的横向业务联络和协调，有利于及时处理有关问题和矛盾，提高工作效率。同时，便于项目部成员与业主的全方位联系，有利于及时满足业主需求，更好地实现项目目标。因此，公司在EPC项目实施过程中，积极探索搭建矩阵式EPC总承包管理架构，并专门成立了石化管理部，为化工石油EPC矩阵式管理提供管理及技术支持。

矩阵式EPC总承包管理模式

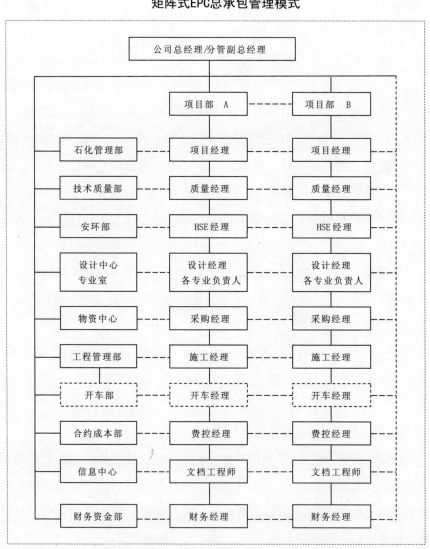

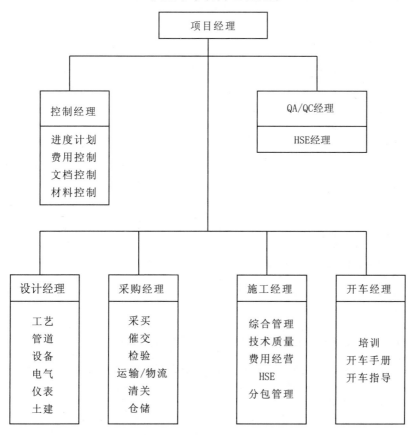

典型单个项目组织机构

2.强化设计主导地位，发挥设计"龙头"作用

设计是项目的先导，是工程实施的基础，对整个项目的运行和管理起着决定性作用。我们通过确立设计的主导地位、发挥设计的"龙头"作用来带动整个项目的高效运行，实现对项目质量、成本、进度的有效控制。

（1）掌握设计流程，合理抓住各阶段工作的切入点。

（2）将设计质量管理贯穿于工程项目始终，重点加强了对设计方案合理性、初步设计准确性、设计输入准确性、专业间协调、过程质量审查和成品输出的管理，并通过明确设计人员的责任奖罚，以高质量的设计来提高工程的整体质量水平。

（3）将设计进度管理纳入项目总进度管理中，根据采购、施工等各阶段的要求动态地控制设计进度，进而带动项目的顺利实施。

（4）着力发挥设计对降低工程成本的作用。一般情况下，石化EPC工程为总价包干工程。公司始终将加强设计工作、深化优化设计作为降低工程成本的关键措施来加以实施。

3. 狠抓采购环节，扩大采购效益空间

石油化工项目设备、材料的费用通常约占项目总投资的50%~60%，且品种类别繁多，技术含量高，涉及面广。因此，做好设备、材料的采购工作对降低建设成本、加快建设进度、确保项目质量、提高项目收益具有至关重要的作用。在EPC项目物资采购中，我们重点采取以下措施来保证采购进度，增加采购效益：

（1）发挥设计的主导作用，以性能指标、技术参数为依据，引导物资采购的走向。

（2）打破垄断，让设备采购价格回归合理。

（3）根据设计要求，选择相宜制造商，降低设备造价。

（4）积极拓展公司物资供应资源网，建立长期稳定的供应链，与供应商签订综合战略合作协议，降低价格风险、质量风险。

4. 强化设计、采购、施工的集成，确保项目有效运行

注重优化设计、采购、施工三者相互衔接的业务关系和管理流程，通过设计、采购、施工三者有机高效的结合，使项目运行的整体功能最大化，整体效益最大化，项目风险最小化。

专业接口标准化管理明细表

序号	接口关系	接口内容	负责人	协调人
1	设计与采购	设计向采购提交请购文件		
2		设计对技术文件评审		
3		采购向设计返回供应商设备资料文件		
4		设计对制造厂图纸（先期确认图及最终确认图）的审查、确认、返回		
5		设计变更对采购进度的影响		
6	设计与施工	施工向设计提出的要求（可施工性分析）		
7		设计文件的交付		
8		设计交底或图纸会审		
9		设计变更对施工进度的影响		
10	设计与试运行	试运行向设计提出的试运要求		
11		设计提交的试运行操作原则和要求		
12		设计对试运行的指导与服务及在试运行过程中出现的有关设计问题的处理对进度影响		
13	采购与施工	所有设备材料运抵现场		
14		现场的开箱检验及材料复检		
15		施工过程中出现与产品制造质量有关问题的处理对进度的影响		
16		采购变更对施工进度的影响		
17	采购与试运行	试运行所需材料及备件的确认		
18		试运行过程中出现的与产品制造质量有关问题的处理对运行进度影响		
19	施工与试运行	施工计划与试运行计划不协调时对进度的影响		
20		试运行过程中出现的施工问题的处理对进度的影响		

（1）强化了设计与采购的集成

将采购纳入设计管理程序中，设计指导、参与采购，明确两者的职责分工。在初步设计阶段就形成重要长周期设备的申购文件，为及时采购做好准备，为设计、采购深度合理交叉和缩短进度创造条件。如某项目，在设计开展初期，项目采购人员就与设计人员合署办公，在设计与制造商之间建起一条高速的信息传递通道。公司领导、项目经理每周在办公地组织设计、采购协调会，明确设计与采购的接口以及内部采购分工和责任，将有限的采购管理人员分配到综合管理组、采买组、催交组、检验组和物流管理组等各专业界面中，有效保证采购进度。

（2）强化了采购与施工的集成

严格按照项目总控计划和施工进度计划实施项目设备、材料的供货和催交，确保了设备、材料进场与施工进度相匹配，实现了设备进场的一次就位，减少了设备材料的二次倒运，从而有效降低了施工成本。采购工作做到了有计划、有目的，使采购供货渠道畅通，保证了施工进度。

（3）强化了设计与施工的集成

1）将设计进度管理纳入项目总进度管理中，根据总进度计划的关键线路和施工等各阶段的要求，动态地控制设计进度。以公司在建的某EPC项目为例，项目部在编制总体控制计划时，充分考虑施工进度要求，始终以催化裂化等7套主装置为进度控制主线，牢牢抓住"两器"（反应器、再生器）现场制安，压缩机安装，高、低压送配电，装置试车等工程关键节点，确保了关键线路上设计图纸及技术文件的提交时间。

2）充分发挥自身丰富的施工经验优势，提高项目设计的可建造性。如上述项目的催化裂化装置的关键设备，原设计需现场分三段组焊安装，且工期风险和费用投入非常大。在此情况下，项目施工部门提前介入工程设计，根据现场条件和公司装备能力，进行设计的可建造性和成本分析，并向设计部门提出了设计优化建议。设计部门依据建议，对设备的各项技术参数重新进行计算、复核，最终确定将该设备改为两段组焊吊装，大大减少了现场作业量，为施工的顺利实施提供了可靠保证。

3）在项目建设过程中，将各专业间图纸的审查、核对从设计阶段延伸至施工阶段。由设计经理组织各专业设计人员向施工管理人员设计交底，设计部门与施工部门在现场随时进行一对一、一对多的有效沟通，保证了设计与现场问题及时解决。

三、发展 EPC 模式取得的成效

1. 抢占了项目营销先机，提升了市场竞争能力

由于拥有设计院和设计资质，能够将营销工作提前到项目立项阶段，从业主的项目规划时期就开始介入，协助业主出谋划策，做好技术和投资的咨询服务。同时，参与建筑业产业链高端的竞争，有效地减少了竞争对手的数量，提升了营销层次和市场竞争能力。

2. 提高了项目实施效率，增强了项目履约能力

传统的施工总承包管理模式会受到外部各种因素，包括设计进度、物资采购进度和质量的制约，从而导致项目实施阶段缺乏有效的进度和质量控制手段。而实施EPC工程总承包管理模式，能够实现项目建设的全过程管控，做到设计、采购、施工各环节的相互支持、相互衔接，从而极大地提高了项目实施效率，缩短了项目建设工期，提高项目履约能力。

3. 扩大了盈利空间，提高了项目效益

EPC工程总承包模式导入以后，公司的盈利空间有所拓展，利润点不再仅仅局限于传统的施工环节，还增加了设计、采购及总承包管理收益。

四、公司向 EPC 模式转型的体会与思考

1. 要实施好EPC工程总承包发展战略，需要具备较强的设计能力及设计管理能力

在对同行的分析研究中我们体会到，当前在我国开展EPC比较好的建筑业企业多数是由设计院转型而来，他们都具有较强的设计能力和设计管理能力。同时，我们在参与石化EPC市场竞争时发现，业主对投标方的设计资质和设计能力都有硬性要求。如果建筑业企业没有最基本的设计能力和设计管理能力，是无法涉足石化EPC领域、开展真正意义上的石化工程总承包的。因此，我们认为，缺乏设计功能或设计管理能力薄弱是制约建筑业企业实施EPC模式的关键因素。建筑业企业只有不断培育提升自身的设计实力和设计管理能力，才可能在EPC工程总承包的发展道路上走得更长远。

2. 要实施好EPC工程总承包发展战略，需要建立适应工程总承包的组织机构和管理架构

EPC模式需要对传统既有的施工总承包组织机构和管理架构进行适当变革。这就要求建筑业企业要解放思想，在传承中谋发展。当前，我国大多数勘察设计及以施工为主的建筑企业都还没有建立起与EPC工程总承包相适应的组织机构和管理架构。如何在继续发挥好公司现有施工总承包优势的同时，建立与石化EPC工程总承包相适应的组织机构和管理架构，使之做到责任更明确、责权更清晰、管理更顺畅，仍然是我们未来发展道路上需要进一步探索和解决的问题。

3. 要实施好EPC工程总承包发展战略，需要加强企业的风险评估和控制能力

EPC工程总承包的风险要比施工总承包大得多。一方面，由于设计属于工程总承包范围，且没有施工图作为投标报价的依据，EPC总承包项目投标需要花费相当大的费用和精力，如果在建筑企业没有多大中标把握的情况下盲目参与投标，那么投标费用对建筑企业来讲可能就是一笔不小的浪费。另一方面，EPC项目比较复杂，加之业主要求合同总价和工期固定，如果建筑企业在项目建设中，未能准确规避合同文件缺陷、设计变更与延期、供货商供货延误、所采购的设备材料存在瑕疵等诸多风

险，未能准确把握企业融资模式设计、业主付款能力评估等重点环节，就极可能蒙受巨额损失。而对这些环节的风险评估，比单独的施工总承包复杂得多。这种风险评估能力对以施工总承包为主的传统建筑企业来说是一个挑战。

4. 要实施好EPC工程总承包发展战略，需要大力培养复合型管理人才

在实践中我们认识到，实施EPC模式的企业最需要的是懂设计的施工管理人员、懂施工的设计人员、懂技术的采购人员等复合型管理人才，而国内绝大多数建筑业企业这方面人才相对匮乏。这已成为制约建筑业企业成功开展EPC工程总承包的重要原因。因此，通过岗位交流、专题培训、导师带徒等多种手段，大力开展总承包战略发展需要的综合管理、经营、技术等专业型及综合型人才梯队建设，是建筑业企业实施工程总承包发展战略的前提条件和重点工作。

5. 要实施好EPC工程总承包发展战略，需要有强大的技术能力作支撑

建筑业企业要达到设计、采购、施工一体化要求的工程总承包能力，关键环节也在于建立并实现自身先进技术的研发应用机制，切实提升企业的技术实力。一方面，要充分发挥工艺技术在石化工程中的先导作用，根据国家产业计划和市场要求有计划、有目标地组织科研活动，通过与高校、科研院所合作研发，组织消化吸收国内外先进技术等有效手段，开发出工艺产品的工艺包、基础设计，形成企业自有专有技术，以技术优势带动市场开拓。另一方面，要加大科研成果的推广力度，积极解决科研成果与现场作业的转换配套问题，努力实现科技创新与施工生产的融合。

13 履约为先　以标准化提升管理品质

中建八局第一建设有限公司

中建八局一公司以推行项目管理手册为载体，全面实施标准化，迅速提升了企业管理品质。

一、强力推行《项目管理手册》

根据八局"项目管理年"活动统一部署，公司迅速制定了《项目管理手册》（以下简称《手册》）宣贯工作安排，明确《手册》的推行是"一把手工程"，从公司董事长到二级单位经理到项目经理必须亲自组织，两级机关、项目部三个层面的五大体系密切联动、强化落实。

1. 制订计划，全员培训

2011年初工作会之机，我们再次组织了《手册》及总承包管理培训班，邀请了有关专家为我们授课，使我们明确了推行《手册》是实现项目管理标准化、信息化，提升项目管理水平的迫切需要，是开展"项目管理年"活动的关键内容。工作会后，公司又将2000余本《手册》分发到每位员工手中，要求各部门和各单位有计划地组织学习，具体业务人员要熟练掌握手册的相关内容。4月份，结合公司管理状况，制订了"项目管理年"活动实施方案，各业务系统根据需要对"项目管理年"活动中开展的主要活动和拟形成的成果，分别从"立项名称、采取措施、责任人、完成时间、成果目标和成果名称”等方面作了详细规定，使“项目管理年”活动各项目标更为明确，采取措施更为具体和可操作。

2．跟踪落实，有效推进

为掌握与落实各职能部门和二级单位对《手册》的宣贯与实施情况，公司每月召开一次大规模的视频推进会，各单位负责人详细汇报本单位《手册》宣贯实施及运行建议、项目策划、项目管理标准化、工具化实施、下月计划等工作，通过互动交流，取得了良好的效果。

3．掌握要领，融会贯通

《手册》简洁地规范了项目管理的各项纲要，高度地提炼了项目管理的具体事项，言简意赅地叙述两件事：目的是什么，必须做什么。其中表格的填报要求纵、横向的信息传递畅通，需要各业务系统、项目部各部门共同执行、密切协同。

4．内审考核，过程监管

2011年，公司对所有在建项目作包括项目管理能力、项目部管理绩效、各系列管理人员业务能力等方面的检查考核工作。内审过程突出“检查要摸底、问题要深究、责任要到人、体系要畅通、经验要辐射”五个重点，并全程贯穿《手册》的指导和培训，最大限度地发挥了内审在检查、监督、指导、培训、服务、经验交流的功效，起到了发现亮点及时推广、找出隐患及时纠偏的效果。

二、业务流程标准化

2011年11月，为满足公司标准化管理需要，持续改进管理水平，结合在内审中发现的问题，公司组织施工、财务资金、技术质量、商务、营销五大体系分管领导和相关部门人员进行了为期一个月的封闭式办公，全面梳理各业务系统及系统之间的岗位职责、工作内容、工作流程及业务接口，确保各项工作无缝对接。

三、体系建设标准化

1. 详细描述各岗位工作职责和量化目标

2011年下半年，公司组织两级机关人员对各岗位工作职责和量化目标详细描述，明确自行完成指标（任务绩效）、监督管理指标（管理绩效）和协助相关方完成指标（周边绩效），量化指标必须有挑战性与创新性，且便于考核，明确考核方及考核依据标准。根据评审修订后的岗位描述，设置机关相应岗位，坚决清理工作不饱满岗位、杜绝机关养闲人现象，使"人人肩上扛指标、人人身上有压力"。

2. 机构及岗位标准化

为充分打造高效精干的管理团队，对两级机关机构及岗位进行了规范梳理和标准化设置，并完成人员配置与交流轮岗。公司总部机关共设置16个部门96个管理岗位，其中新增了技术中心和信息化管理部；对分公司机关统一按照办公室、市场部、工程技术部、商务部、物资部、财务部五部一室设置，专业分公司增设设计室。

四、现场管理标准化

1. 全面推行项目策划

公司下发《项目策划实施办法》，明确了策划责任划分、策划内容、策划期限。要求投标阶段的项目管理策划由市场营销部门负责组织；公司重点工程及重大风险项目，由公司施工管理部组织总部相关部门去项目现场进行策划，并编制策划书；其余工程由分公司工程技术部组织相关部门及项目部实施。

2. 安全设施标准化

编制了《施工现场安全生产与文明施工标准化图集》，在各项目推广应用。并在2011年5月份下发了《关于2011年标准化示范工程立项的通知》，对公司13个项目标准化示范项目立项，要求示范项目积极开展施工现场安全标准化工作，总结经验。公司年底对示范项目进行验收，通报表扬并奖励了综合排名前两名的项目。

通过开展安全设施标准化工作，施工现场各种临边、洞口防护、操作棚防护、配电箱防护、消防设施等均按《图集》定点加工、制作，在现场安装，具有防护及时、安全性能可靠、周转使用、视觉效果好等优点。

3．技术质量管理标准化

总结各项目在技术质量管理过程中的薄弱环节及标准的施工方法，针对问题制定对策，将好的做法推广应用，形成了公司特有的标准化做法，指导项目施工。

（1）编制指导书

针对关键过程统一编制了作业指导书，指导项目施工。针对项目在施工过程中创优经验不足的现状，组织编制了创优策划书样板，推广建筑安装工程细部做法。

（2）贯彻行业标准，重视全过程管控

邀请专家对《工程建设施工企业质量管理规程》全员培训，通过一系列宣贯活动的开展将过程管理PDCA循环方法植入企业各项管理工作中去，改变了以往重视末端管理、忽视起点管理和过程管理的状况，较好地实现了"计划管理、策划先行、过程纠偏"项目全生命周期的动态管控。

4．总承包管理标准化

依据公司《施工管理实施手册》标准化指引，实现"实施总承包管理，全面履行业主合同"目标，做到"五个统一"。

（1）计划统一

项目部会同各专业分包共同编制总进度计划，经业主（管理公司）、监理批复后，下发给各专业分包，要求各专业分包根据总进度计划编制图纸报审、方案呈报、劳动力组织、物料报批、设备采购等计划，并上报总承包单位。由项目部专业工程师对专业分包的计划进行审核，审核通过后跟踪检查。

（2）制度统一

各专业分包进场后，项目部制定工期、技术、质量、安全、物资、成品保护、平面、现场协调、门卫、进出场等管理制度，下发各专业分包要求其严格执行。依靠制度管理分包，将分包纳入项目部总承包管理体系。

（3）垂直、平面管理统一

各专业分包进场后，项目部制定平面管理、现场运输设备使用等管理制度，并制定责任分区、责任人。专业分包材料进场、塔吊等大型运输机械使用前向项目部提出申请及使用计划，经项目部批准后实施。

（4）由业主解决问题的渠道统一

外部环境、设计、建设手续、专业分包招投标、甲供材确认、样板间确认等制约施工现场推进的因素，项目部与各专业分包组织召开协调会，由项目部向业主提交情况说明，由业主统一协调解决。

（5）交验标准统一

各专业分包进场，由项目部对工作面移交、专业分包过程质量验收、物资及构配件进场验收、大型设备进场验收、竣工验收等内容交底，并制定奖惩办法，做到交验管理流程标准化。

5．项目总结标准化

为全面贯彻落实《项目管理手册》，认真总结项目实施过程中的经验和教训，不断提高项目标准化、信息化、精细化管理水平，专门下发《关于实行项目管理总结报告会制度的通知》，所有竣工项目必须在公司举行项目完工总结报告会，总结教训、推广经验、发现人才。

五、全员考核标准化

1．考核全覆盖

通过各业务管理实施手册修订实施，统一梳理考核内容和考核标准，强化过程考核，实行考核全覆盖。考核结果都与薪酬收入、奖金分配、先进评选等紧密挂钩。对同岗位的人员按照年度业绩和贡献，确定岗位薪酬等级和奖金，实现了各业务系列考核评级的标准化管理。

2．项目人员考核排名定级

2010年，开始对项目全体管理人员实行考核排名定级，统一修订实施了对项目各业务系列管理人员的考核评级办法，严格考核，按比例排名定级。

3．机关人员填写工作周报

2011年两级机关实行工作周报制度，要求每周五将个人本周内每天工作情况以固定格式上传公司即时通平台，作为绩效考核和岗位设置的历史痕迹记录证据，增强了绩效考核的客观真实性。

4．员工业务考试全覆盖

所有考核办法中均规定对被考核人每年至少进行一次业务考试，占绩效考核成绩一定比例权重。要求每次组织培训必须安排考试，对于重要的培训考试成绩还要折合一定权重记入相关考核中，从而大大提升了员工的培训效果和业务水平。

5．相关方评价

在考核体系中增加了相关方评价，强调第三方认证贯穿于业绩考核中，避免部门自身考核数据不实、片面等弊端，保证了关联系统间工作衔接、配合的科学性。

六、审计监察标准化

审计监察以推行《项目管理手册》为契机，规范统一审计表格、审计通知书、审计方案、现场审计的实施、审计报告、审计决定、审计回访，全面推行审计标准化。

审计监察工作以精确的数据为依据，积极探寻数据背后的管理意识、管理行为，发现、分析和堵塞漏洞，对五大体系运行及时纠偏，切实改善企业运营质量。

七、标准化管理实施效果

1. 业务流程更规范

形成"市场营销、大客户管理、施工、合约法务、成本、物资、安全、技术质量、财务资金、工长"十大管理实施手册。

十大管理实施手册中各篇章、格式、工作内容、规定动作等均实现了标准化，以"高效、创新、务实"为目标，以图表方式将操作流程细化并落实到具体岗位，凡是涉及多个系统的业务操作都在相应的手册中明确，同时在各系统考核体系中增加相关方评价。通过制定十大管理实施手册，实现了制度与管理流程的标准化，为全面提升公司管理品质和推动信息化建设奠定了坚实的基础。

2. 岗位职责更清晰

通过实施标准化管理，在各大体系的《手册》中明确规定了每一个管理岗位的工作职责，使各管理人员的岗位职责更加清晰，即使是新员工刚到任何一个岗位，对照标准化岗位职责和工作流程，也会很快会进入角色。

3. 工作推进更高效

通过实施标准化设施，施工现场防护搭设、制作按图施工，简便快捷。每个项目只要考虑安装数量和位置，由区域公司统一采购，定点加工，运送现场安装，节省了大量的时间，提高了工作效率。有效解决了主体分包队伍撤场拆除防护，二次结构施工时重新搭设防护费时费力、增加成本问题。现场各种标准化设施可周转使用，降低了成本。

4. 品牌效应更突出

通过实施标准化管理，项目部品牌意识逐渐增强，现场防护规范、统一，视觉形象好，得到了当地建委领导的高度认可，多次组织当地施工企业到现场观摩，带来了明显的社会效益。同时，通过品牌效应实现与业主的第二次握手项目也逐渐增多。

八、快速推进信息化

自2010年开始，公司在信息化工作方面作了一些尝试，与软件公司合作开发项目管理信息系统。随着标准化管理的不断深入，我们更加清晰地认识到信息化管理是企业科学发展的必经之路。2012年，公司将"项目管理信息化系统"建设作为头等大事，每月召开一次信息化推进会，检查系统建设进度，盘点分析关键环节处理情况，研究布置下一阶段工作任务。目前信息化系统已完成了模块分割、业务流程上线、关键环节审批、数据自动关联等大部分主体工作，进入各模块的业务并联及最终定案验收阶段，将全面试运行。

14 开展项目效能监察　强化企业集约管理能力

中建新疆建工（集团）第四建筑分公司

　　建筑施工企业在市场竞争中谋求生存和发展，关键要把握好两个重点环节：一方面是提高承揽任务的质量和总量；另一方面是采取标准化、集约化的管理措施，降低施工成本，提升管理效率，提高综合效益。

　　工程任务承揽往往会受到一定的市场条件、国家宏观调控政策等因素的制约。但企业抓内部管理，降低施工成本，提升管理效率，则是建筑企业在现有条件下，通过自身的管理所能实现的。

　　开展并运行工程项目效能监察机制，是中建新疆建工集团四建近年来提高项目管理水平，实施集约化管理的重要手段，也是提升工程项目经济效益、管理效益和社会效益的重要举措。自2006年开始运行工程项目效能监察机制，始终把集约化管理放在企业管理头等重要的位置。把效能监察与企业的效益、创先争优等管理目标相结合。从合同管理、施工管理入手，把项目效能监察作为促进工程建设和项目管理的重要手段，对开展工程项目效能监察起到了良好的促进作用。

一、精心组织抓部署

（一）抓管理，确定监察重点

从工程建设的需要出发，有目的、有针对性地确定效能监察的重点，把握影响工程项目效益的主要矛盾，是开展效能监察的前提。项目管理贯穿合同、施工、物资采购、劳务、设备、质量安全环保等各个环节，而各环节管理的到位与不到位、范与不规范，又直接影响到整个工程项目管理目标和业绩目标的实现。鉴于此，通过深入的调查分析，将项目合同管理和过程监控作为企业工程项目效能监察的重点。

在开展效能监察前，将效能监察的重点的每个环节又细分为若干个控制点，如工程项目内部承包合同管理环节，细化为上交系数测算、申报、审批手续及项目班子人员申报、审批等控制点；物资采购环节细分为材料价格的审查、审批、合同的签订、资金的审批等控制点。由于制定了效能监察的工作方法和流程、环节，细化了效能监察控制的要素，提高了效能监察的可操作性。

（二）抓组织保证，建立健全组织机构

为了使效能监察工作落到实处，抓出成效，公司成立项目效能监察管理领导办公室，主任及副主任均由公司领导担任。组建的项目效能监察管理中心为公司的一个职能管理部门，由公司领导兼任部门经理，项目效能监察管理中心由四个小组组成，四个小组的工作范围按被监察单位划分责任区，同时公司纪委及职工代表参加。制定了监察的方法，从指导思想、工作思路、工作要求以及检查范围、内容、方式等方面进行了系统安排，使效能监察工作在组织上得到了有效保证。为了使效能监察工作不流于形式，在部署效能监察工作时，按单位分解到4个组，并根据工作内容和性质，明确监察的负责人和实施人，以及各自的工作职责。

二、明确项目效能监察职责、关系

（一）明确与分公司、项目部之间的关系

工程项目效能监察管理中心，是代表公司对分公司、项目经理部的经营管理工作实施指导、评估、监督和检查的常设机构，对分公司、项目部的经营管理行为产生的结果具有奖、惩的权限。

分公司作为主要责任人受公司委托对承建的工程项目进行全过程组织、协调、指导、服务、管理和监控，并确保各项经济指标的完成。

项目经理部作为公司派驻施工现场的执行机构，有履行内、外部承包合同的责任，执行和服从公司和分公司对项目部管理工作的监督检查和调控，对各项经济技术指标的完成负直接责任。

公司、分公司的各职能部门不得以工程项目效能监察管理中心的成立，而弱化应有的管理职能。

（二）明确工程项目效能监察的职责

工程项目效能监察按照"监督检查、预防控制、促进管理、增加效益"的工作方针，围绕公司"选拔经理、合理界定、承包抵押、有责有权、专款专用、跟踪监控、确保上交、盈亏自负"的32字经营方针，对分公司及在建工程项目经理部的经营管理工作指导、评估、监督和检查。其主要职责：

1. 对选拔的项目经理进行审核，建立项目经理业绩档案。

2. 审核分公司和项目部测算确定的工程项目上交系数。

3. 审核备案项目承包合同，必要时实施公证，管理项目抵押金，审核项目兑现。

4. 监督检查施工过程目标成本计划的执行情况，负责项目成本数据采集和分析，查找影响项目效益的各种因素，提出解决措施和建议。

5. 当发现项目部的进度、质量、安全、成本等出现严重问题时，按照问题提醒、通知整改、黄牌警告、免职、赔偿损失等程序处理。以铁的决心、铁的手段、铁的纪律解决效益不好、执行不力的问题。

三、项目效能监察工作运行

（一）项目经理选拔

工程施工项目的第一责任人项目经理必须具备较高的政治素质、较全面的施工技术知识、较高的组织领导能力，而且还必须具有承担施工项目管理任务的专业技术、管理、经济和法律、法规知识。因此，项目经理的选拔是顺利实现项目经营管理目标的关键所在。在选拔项目经理时，根据公司制度规定由分公司推荐并报项目承包申报表，由项目效能监察管理中心组织公司企管、人事、安全、生产、技术、质量等部门共同评议审核后报总经理批准。新开工程项目部全部评审，评审时由项目经理陈述安全生产、技术质量目标及措施，经营管理的办法及成本目标实现的措施，对不符合承包条件的项目经理要求分公司换人并重新申报。

（二）项目风险抵押金交纳

按照公司《内部承包考核及管理制度》的规定，工程项目部在确定上交和签订内部承包合同后要交纳承包风险抵押金，交纳金额按工程合同造价总额划分标准，交纳总额最高不超过40万元，项目经理按风险抵押金总额的40%交纳，其余由项目部管理人员交纳，由公司财务部统一管理，待工程竣工结算后，承包不亏损，并经内部审计后方可退还。

（三）合理界定上交系数

新开工程由工程项目效能监察中心组织分公司、项目部，按工程施工图预算数量，结合市场因素并参照同类工程项目经验数据作利润测算。项目效能监察中心将利润测算结果以书面报告形式报主管领导批准。

1. 工程项目中标后，组织分公司、项目部相关人员召开成本测算工作会，确定人员及分工。

2．收集并熟悉被测算工程的招投标文件、合同、协议、预算等资料，按工程施工图预算数量结合现行市场因素，并参照同类工程项目经验数据测算利润。

3．会同项目技术人员，根据已经公司审批的施工组织设计及相应的专项施工方案并根据投标承诺、工期要求、技术要求等，计算出经济、可行的周转材料使用量及机械的规格型号和使用时间。

4．制定相对固定的测算格式，参加测算人员根据分工算出项目的各项费用，形成工程项目的预计建造成本费用。召开成本测算碰头会，确定项目综合测算成本降低率，明确项目上交比例报公司领导批准。

通过上交系数的测算体现了公司合理界定上交比例的原则，在项目管理中做到心中有数，有计划、有目标地实现项目成本计划。总体来看，新开工程上交系数的测算工作基本符合现阶段的实际情况。但在实际工作中也存在一定的问题，由于没有企业内部定额，而且工程项目千变万化，市场价格波动大，亏损子目比较明确，但盈利点各不相同，给测算工作带来较大的困难。

（四）"三集中"集约管理举措的落实

1．资金计划审批

根据整体部署及经营方针，为了更好地落实项目资金专款专用，合理有序使用，制定了资金使用申报制度。对价格未经审批，没有合同的款项坚决不予批准付款。

2．劳务价格审批

工程使用的各工种在进驻工地之前，项目部必须依公司制度把劳务价格审批表报送审批。首先，通过分公司主管领导审核签字后交公司劳务站审核劳务队伍准入的资格和单价，项目效能监察中心根据收集的工程劳务单价资料，结合各工程横向对比、审查后再报公司主管领导批准。最后分公司根据审批价格与劳务队伍签订用工合同。通过对劳务价格的审批，从内部规范劳务用工程序，保证公司同类工程同工种劳务单价基本一致，避免了哄抬价格，恶意涨价的歪风，降低了人工费支出。

3. 材料采购单价审批

材料费占工程成本的比例最大，材料采购既是生产经营管理中的关键环节，也是效能监察的重点领域。为了规范材料采购程序，降低工程成本，防止腐败问题的发生，公司成立了材料采购中心（对大宗材料实施集中招标采购），并规定实行材料采购单价申报制度。由项目部填材料采购价格申报表经所在分公司审批后报公司效能监察管理中心，效能中心通过平时采集的各种材料的价格资料，并与其他工程采购的同类材料对比后，报公司主管领导批准。

（五）项目效能监察报告编制与呈报

1. 项目效能监察报告的编制内容

（1）工程项目的基本情况

工程概况、项目管理人员组成、项目上交比例、水电分包上交比例、内部承包合同签订、项目承包风险抵押金交纳情况、项目管理人员收入情况。

（2）工程进度情况

形象部位、计划指标、实际完成、原因分析。

（3）工程生产经营情况及分析

产值完成、经营利润、工程款回收、成本对比分析、人工费及材料费分析。

2. 工程项目重要信息的反映与披露

（1）资金使用情况；

（2）内部单位往来情况；

（3）劳务价格及合同执行情况；

（4）劳务工资结算及资金支付情况；

（5）材料价格及合同执行情况；

（6）材料结算及资金支付情况；

（7）机械使用及付款情况；

（8）自购周转材料及设备料租赁费情况；

（9）临时设施及摊销情况；

（10）影响项目利润的因素。

3．工程项目效能监察报告的形成与呈报

各小组每周不定期到所分管区域的项目部或分公司轮流调研监察，了解项目部劳务价格和材料价格的审批手续是否完善，材料验收、供应厂商和供应材料类别、数量、价格情况；劳务用工及付款情况，工程施工方案和措施在施工中的实施等对效益的影响。

对所分管区域出现效能异常或出现影响效能的状况，随时向部门负责人告知，或提交书面专题报告。

对负责所管理区域加强基础业务建设，对财务、材料、劳资、统计、预算等按照公司业务管理标准严格要求，并参加工程项目部每月一次的"三算合一，五口交圈"业务会审。

监督检查施工过程目标成本计划的执行情况，负责项目成本数据采集和分析，查找影响项目效益的各种因素，提出解决的措施和建议。

项目部出现月度承包亏损问题时，工程项目效能监察管理中心提出书面工作联系单，审核项目部、分公司提出的解决措施和方案并督促其实施。

当项目部出现承包亏损额大于项目部交纳的承包风险抵押金，或连续三个月承包亏损时，工程项目效能监察管理中心以书面形式报请公司领导，免除其项目经理职务，终止其承包行为，依据公司有关规定给予相应处罚。

每月根据当月财务报表及跟踪监控资料书写本月效能监察报告，报告覆盖全公司所有在建工程项目部，对管理中存在重大问题、隐性亏损的工程项目部，根据情节挂黄牌或红牌，以此引起公司领导及分公司的重视，及时查找原因，解决存在的问题。

四、开展效能监察取得的效果

通过运行工程项目效能监察机制，共对2006年至2011年底期间的200多个施工项目部实施了效能监察与跟踪监控工作。工程项目生产经营取得了良好的成绩和效果。

综上分析，只有通过切实加强集约化管理，切实加强对项目的前期规划、过程控制、动态管理才能全面、有效的管理好项目，才能集中体现企业的管理水平。

15 国际工程项目联营模式及风险管理与实践

中国建筑国际集团有限公司

多年来，中国建筑国际集团有限公司（下称"中国建筑国际集团"）在香港、澳门及海外地区通过联营方式，联合承包许多大型工程项目，取得了良好的经济效益和社会效益，为集团的市场拓展和长期发展奠定了基础。

一、国际工程项目联营概述

随着全球经济一体化趋势的飞速发展，越来越多的中国工程总承包企业跨出国门，积极承揽工程项目，广泛参与到国际工程市场的竞争中去。国家商务部最新统计数据表明，2011年我国对外承包工程业务完成营业额1034.2亿美元，同比增长12.2%，新签合同额1423.3亿美元，同比增长5.9%，其中有较多的项目是以国际工程联营体的方式来实施的。面对规模日渐庞大、技术渐趋复杂的国际工程项目和激烈的全球化竞争，单纯依靠自己的资源、技术与能力，工程总承包企业较难获取国际项目，有时即使承揽了项目，也会在实施过程中遇到很多风险。广泛参与到国际工程市场的竞争中的当下，探讨联营模式显得尤为重要。

国际工程项目联营体是指在国际工程总承包市场中，两家或两家以上工程总承包企业为了承揽某一特定工程项目，分别投入各自的优势资源，共同组成利益共享、风险共担的工程承包联合体。它不仅有利于增强工程承包企业的融资能力，提高其专业技术水平，增加整体竞争实力从而有利于获取项目、实施项目、分担风险，而且能够学习国际大承包商的先进技术及管理经验，有时还能充分利用当地承包商的优势（如熟悉当地市场机制等），为项目实施创造有利环境和条件，甚至在某些情况下组建国际工程联营体更是获取市场准入的必要条件或优先条件。另一方面，由于激烈的商业竞争，在降低成本方面存在困难，一些国际承包商希望通过联合的方式来承包大型建筑工程，充分发挥各个承建商的特长和优势，通过这种优化组合，在激烈的竞争中获取最佳的利润。

二、联营模式一般特征

一般联合承包各方就项目成立联营公司，确定股份比例和由哪一间公司牵头。联营公司的最高权力归董事会，董事会由联营各方委派的董事组成，定期召开董事会议。联营公司下设执行委员会，监督项目经理的工作情况。项目经理部设立商务、工程、技术、质量、安全、财务、物资、人事等部门，负责工程的全面管理工作。从项目经理部对工程管理方式的差别上分，联营承包的工程管理模式，主要有组合式和垂直分割式两种。

联营工程项目的具体管理工作，与一般项目管理主要分别在于：

联营有关各方一般不直接接触业主，一切通过联营公司，但也须处理好与业主及联营各方之间的关系，争取主动。

联营各方或其分包商同在一个项目上施工，相互间须分清责任。

联营项目管理组织架构及人员设置，对项目管理的成功与否，影响巨大，不可忽视。下图所示为一般国际工程项目联营模式管理组织架构，主要涉及联营牵头公司及董事会、执行委员会、项目经理部及各部门等主要机构。

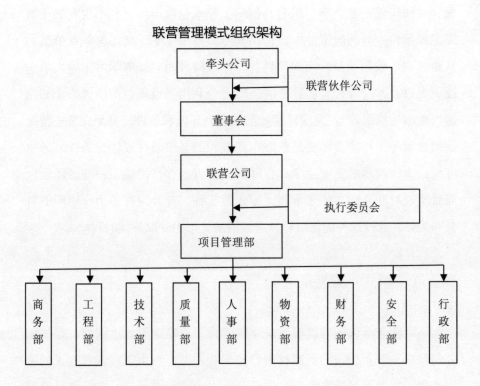

联营管理模式组织架构

三、联营模式风险管理

众多学者对工程联营模式中的风险以及其管理策略作了深入的调查与研究，将其分为内部风险、项目风险、外部风险三类风险，分析了在项目不同阶段此三类风险发生的相应变化，通过问卷调查得出联营体模式的重要风险，并提出了管理这些风险的策略，建立了管理联营体模式国际工程风险的模型，将风险管理的三个核心环节与项目范围、项目阶段划分等项目管理要素相结合，并通过具体案例研究对模型的有效性进行了检验。

国际工程联营模式管理的主要风险集中于联营合作伙伴、联营体协议、工程合同以及公共关系等方面。我国工程承包企业与国外承包公司组建的联营体，无论是在国内还是在国外承揽国际工程项目，都必须在选择合作伙伴、投标、签约及项目实施的全过程中认真研究相关风险，并采取措施，积极应对风险以减少损失。

国际工程联营体实施风险管理的措施必须从联营伙伴的选择入手，选择恰当的合作对象是联营体顺利发展的前提条件。一要考虑对方的信誉、经验及财务、设施、人员及融资等实力，事先调查其优势和不足，力求与对方达成优势互补；二要考虑其与当地政府的关系及其在当地社会的影响，以便利用其关系网络疏通和解决项目实施过程中遇到的各种问题；三要考虑来自不同国家的工程承包企业有着不同的企业文化、经营理念、社会传统和风俗习惯，选择与己方经营理念相契合，或者对外来企业文化持理解态度的联营伙伴，对于整个联营体的顺利经营、流畅运作也是一份强有力的保障。

在联合承包中，除了选择合适的联营伙伴外，对联营公司运作上的监管是非常重要的，也是比较困难的。其重要性在于工程项目由联营公司负责管理，项目的质量、工期和效益都是联营公司掌握，而困难之处在于联营各方代表各自的利益，尤其在公司不是牵头公司的情况下，监管联营公司甚为困难。

四、联营项目风险管理与实践

多年来，香港、澳门及海外许多大型工程项目也是通过这种项目联营方式联合承包完成的，中国建筑国际集团也积极参与了这种承包模式，参与的项目多达35个。集团与澳洲礼顿公司联合承包的北大屿山高速公路东涌段，与澳洲礼顿及荷兰宏安联合承包的西九龙填海二期，与日本前田公司联合承包的青衣西北交汇处地盘，以及与英国艾铭建筑、保富比迪、日本前田、香港熊谷组联合承包的香港新机场客运大楼工程，都取得了成功。

中国建筑国际集团承接的联营项目既有组合式联营管理模式，也有垂直式联营管理模式。前者，即组成的项目经理部各部门，分别指定由联营的各方负责，主要工程均由项目经理部负责选分包商，统一进行管理，联营各方共同承担责任。较有代表性的是香港新机场客运大楼工程的联合承包方式；后者，即组成的项目经理部仍设有各部门，但将工程分类划归联营各方独自进行管理，各自设有项目管理机构，对所管理的项目负责，与联营各方共同又分别承担工程项目的责任，较有代表性的是香港西九龙填海二期工程的联合承包方式。

中国建筑国际集团在联营项目管理中，尤其重视联营项目风险管理工作，实践中也根据联营公司内外部风险和项目风险控制要求，在联营项目启动、运营和竣工不同阶段，针对项目风险作分析和控制。

1. 联营项目启动阶段

在充分理解和认识了"联合"的必要性以后，合作伙伴的选择是一项非常重要的工作和过程，有时甚至需要提前2至3年开展此项工作，深入、细致地考察，以便增强彼此的了解和信任，从而为联营合作顺利打下良好的基础。中国建筑国际集团在为了选择合适的合作伙伴，曾组织了两次大型外出考察活动，也邀请了著名建筑公司的领导来华、来港参观和考察集团的工程项目，并在相互交流和学习过程中增加了解和信任，从而形成了在香港建筑市场一批长期合作的战略性伙伴，为集团在香港建筑承包市场的发展、壮大和提高奠定了良好的基础。通过选择专业技术较强的公司作为合作伙伴、实现优势互补，从而避免项目管理技术风险；通过各种形式考察、观摩合作伙伴在类似工程项目管理中的表现，包括通过与业主、顾问及政府相关部门，甚至银行等各种渠道，尽可能详尽地了解和掌握合作伙伴经营状况、项目管理能力及资金实力，避免联营项目经营风险。通过控制联营合作伙伴数量、保持长期合作，掌握联营项目主要管理人员项目管理能力及个人性格等因素，避风项目联营管理风险。

多年来，集团与澳洲礼顿、荷兰宏安、日本前田、清水建设和香港安乐等国际知名建筑承包商形成了稳定和成熟的联营合作关系，相互信任程度得到了很大提高。这在一定程度上，也较好地避免了项目启动阶段的各种风险，提升了集团在香港及海外建筑工程市场的竞争和占有能力。近年来，在香港政府推出的多项污水处理项目中，集团也采用这种联营模式，通过对专业技术公司参观、调研和考察等多种形式，与多家公司形成了长期的战略合作伙伴关系。

2. 项目运营阶段

通过联营协议，组成联营公司董事会，明确项目联营管理模式，制定联营公司资金注入及成本管理制度。通过联营各方派出董事，协调和监督联营公司行政及人事管理、管理人员分工及岗位职责、商务及合约管理、工程技术管理、进度控制、分包合约及分包队伍管理、物资及设备采购管理，以及总承包项目质量、安全，环境和保安综合管理等环节，努力保证联营项目管理高效、可控，满足总承包合约各项要求，规避项目管理风险。与常规总承包项目管理的区别在于，联营项目管理过程中，始终涉及合作伙伴相互适应、管理越位、分工不明确、利益保护、责任推诿、管理松懈和执行不力等风险，制定明确、合理的监督约束机制十分必要。

中国建筑国际集团在与联营伙伴合作的项目中，无论自身是否为牵头公司，都严格按照联营协议作项目管理，通过公司委派董事执行公司对联营项目的监督管理，表达公司对联营项目过程管理的各种合理关注。在联营项目中环填海三期工程中，澳洲礼顿作为联营项目的牵头公司，负责联营项目的全面管理工作，集团作为主要合作伙伴，根据联营协议委派管理人员全面参与项目各项管理工作，既有负责项目商务和合约管理的高级管理人员，也有现场施工初、中和高级管理人员，互相适应、取长补短，共享专业分包商资源。

3. 项目竣工阶段

因管理人员解散或流失，联营项目风险控制主要表现为工程结算、项目效益核算与分配管理以及工程竣工技术资料交收与存档等风险。联营公司必须提前做好策划与安排，切实保证工程与技术信息的完整性。

近年来，中国建筑国际集团还加大了在房屋、土木、基础和基建工程投资等领域实施项目联营承包管理模式的力度，实现了集团工程承包业务跨越式发展，积累了集团在港澳地区雄厚的工程管理与技术实力，奠定了集团在港澳地区的排头兵地位。

五、我们的思考

国际工程项目本身因为地域、政治、经济、文化、技术和管理等多方面存在较大差异，容易产生工程管理风险。建筑企业步入国际市场，通过引入联营体项目管理，根本目的就在于尽量规避和降低此类风险发生的可能性。因此，我们在组建项目联营体时，必须做到"三要"和"三不要"。所谓"三要"，就是要对合作伙伴做好调研工作，要对合作伙伴的互补性认真评估，要确保合作伙伴具有合约合作精神；"三不要"，是指不要轻易放弃项目管理权、不要放弃项目过程管理知情权和不要过分依赖于合作伙伴的管理资源。只有认真做好以上几点，在国际工程项目管理中，采用联营体经营方式方可实现低风险运营，从而获取最大的经济与社会效益。

16 基于ERP系统的财务业务一体化和项目精细化管理

中建美国有限公司

精细化管理是20世纪90年代起在西方盛行的一种管理理念，源于生产领域，目前已延伸各类企业的各个管理层面，成为一种通用的管理思想。"天下难事始于易，天下大事始于细"，通过精细化管理，许多企业获得了革新的核心竞争力。

美国是全球最发达的经济体，其管理理念和管理手段也处于世界最前沿。在这个竞争激烈的国家，如果没有最好的项目管控能力，就不可能具有核心竞争力和比较优势。所以多年来，中建美国公司一直在探索项目精细化管理之路。随着信息技术的飞速发展，我们认识到必须依靠信息技术手段尽快完成财务业务一体化的目标，从而实现项目的精细化管理，提高公司的综合竞争能力。

在确立了"精细化管理"这一带有方向性的思路后，公司开始结合企业的现状，按照"精细"的思路，结合启用的ERP系统，梳理关键项目管理难题、分析薄弱环节，查找风险点，分阶段进行了业务和财务的流程再造，最终实现了项目管理的精细化。

一、财务业务流程一体化是实现精细化管理的必要手段

企业的流程主要由业务流程、财务流程两个部分组成。当这两个流程分离时，会导致企业内部各部门主要从自己的业务出发，在流程设计和管理系统的选择上都以满足部门业务操作为主，建立自己的数据资料，自成体系，从而形成"信息孤岛"。所以，要实现精细化管理目标，就必须从财务流程与业务流程的一体化入手，主要需要考虑以下几个方面的内容：

1. 数据的标准化

数据的标准化是在财务业务流程一体化设计中最重要和最基础的工作。只有完成了数据的统一分类分级、统一的编码，才能使同一数据在不同部门间顺畅流转，才能够达到精细化管理的目标。

2. 数据的全面性和完整性

在财务业务流程一体化的设计过程中，需要实施团队与外聘专家团队一起对需求作详细地分析，并结合管理需求对数据全面设计和归集，从而满足精细化管理的要求。

3. 信息的关联度和挖掘深度

没有深度的数据挖掘能力，就不可能实现精细化管理的目标。而孤立的信息系统使得各类数据不能形成有效关联，无法提供和共享跨部门、跨系统的综合性信息。所以财务业务一体化是确保信息关联度和有能力作数据挖掘的基础。

4. 完善的内部控制

业务功能交互与信息共享的缺乏，会导致企业物流、资金流和信息流的脱节，信息之间缺少交叉控制，从而使内部控制失效。所以在财务业务一体化的过程中，我们应该尽力实现最优化、最有效的自动内部控制。

二、财务业务流程一体化及项目成本精细化管理的具体实施

（一）总体流程控制和设计思路

根据财务业务一体化的目标，我们提出了"1+4"流程再造模式，是从投标到项目、财务管理和策略调整的一条流程链，将实时信息处理嵌入业务处理过程中，形成投标管理、项目成本管理、财务管理和辅助决策四个环节，从而形成"事件驱动"型的ERP信息系统。

在各类流程中，企业在执行业务活动的同时，将全部业务信息输入系统中，通过业务规则和信息处理规则，使业务信息流和财务信息流实时同步生成。同时，在建立该模式的过程中，我们也改善了工作规范、各环节的控制和监督。

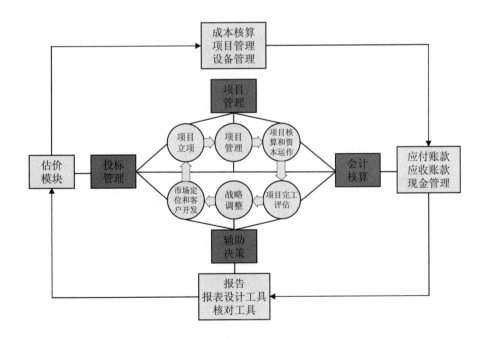

（二）财务业务流程一体化的具体实现

1. 领先的ERP系统平台

在系统的选择上，我们主要使用了TIMBERLINE平台。该平台专门针

对建筑和房地产企业，融合了美国主流建筑公司的标准管理模式，涵盖了估价管理、项目管理、采购管理、财务管理、报告管理等部分，每个部分包括多个功能模块，实现不同的管理职能，基本可以完全涵盖建筑行业精细化管理的全部技术需求。

该系统利用了中建美国公司的云平台，通过分级授权，实现业务、财务、管理的多向、网状数据流转，具有以下的优点和特色：

（1）专业为建筑行业提供的ERP解决方案；

（2）内置美国主流建筑公司标准管理模式；

（3）财务模块数据来源于业务模块并且不可逆；

（4）各模块完美集成，网状数据流转；

（5）强大管理功能，报表自由定制、查询；

（6）降低员工要求，节省人力成本；

（7）双人授权体系，确保数据安全；

（8）支持Citrix云计算。

下表所示的是该平台与国外、国内的主流平台的比较。可以看出，对于大、中型建筑企业来说，该平台是较为适用的，这也是为什么该平台会成为美国建筑业的主流平台之一的原因所在。

	Timberline	SAP/ORACLE	国内平台
行业类型	建筑、地产	通用型	通用型
企业规模	大、中型	大型	中、小型
架构	模块化	模块化	模块化
数据流1	业务到财务	业务到财务	财务到业务 业务到财务
数据流2	网络状	网络状	单向流转
速度	较快	一般	较慢
管理要求	促进管理	需较强管理基础	需很强管理基础
操作员要求	不高	一般	较高
业务处理	不灵活	不灵活	灵活
价格	较低	很高	较高

2. 财务业务一体化的总体集成框架

下图所示为财务业务一体化的总体功能框架，共有16个主要功能模块。可以看到在业务流转的过程中，财务的所有账务处理都是由系统自动完成，可以完全确保数据唯一、实时准确。

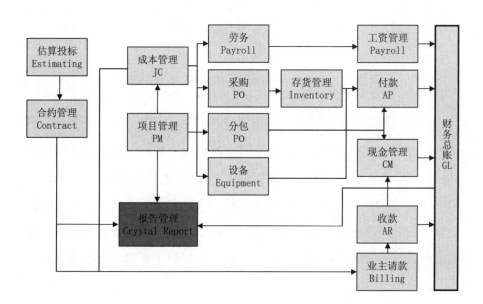

三、财务业务一体化和精细化管理取得的成果

中建美国公司通过围绕大型建筑企业财务管理目标转型的迫切需求，在总结了大型建筑企业的项目管理特点和财务管理难点的基础上，提出了基于精细化管理的财务业务流程一体化的理念，通过近三年的努力，取得了丰硕的成果。

该系统不论是在设计思想和理念，系统上线的具体实施，以及之后的实际应用中，都走在前列。系统在全公司范围内使用后，明显提升了公司的项目精细化管理水平，提升了公司的核心竞争能力，使中建美国公司在项目管理上具备了与美国本土建筑巨头一争高下的能力。

中建的旗帜飘扬在新加坡

——浅谈中建南洋的项目管理

中建南洋有限公司

一说起新加坡，人们的脑海中就会浮现这个享誉国际，地处热带的岛国：四季常青鲜花烂漫，市容整洁空气清新，有着高效廉洁能的政府，治安良好秩序井然，多元种族和谐共处，人民安居乐业，一切都是那么美好。的确，新加坡是一个令人向往的国度，但是对于建筑承包商来说它绝不是一片乐土，作为一个承包商要在此立足生存和发展壮大极为不易，其建筑市场主要有以下特点：

一、市场规模小、竞争激烈

近年来，房建的投资基本保持在200亿新元左右，但每年的投资额有涨有跌，高峰和低谷几乎相差一倍，由此可见波动性大的特性。而目前新加坡最高等级（A1级）的房建承包商有62家，较低等级的承包商上千家。这么小的市场规模，这么多的承包商，竞争的惨烈程度可想而知。

二、资源匮乏，不确定因素多

新加坡是一个小国，基本没有自然资源。因此，工程施工所需资源基本依赖进口。由于房建投资的波动又大，这就导致市场低迷的时候大家都吃不饱，市场高涨的时候又吃不了，表现就是各种资源稀缺、价格高涨，给经营和生产带来极大的不确定性和困难。

三、政府监管部门众多，法规数不胜数

经常对工地实施监督检查的政府部门有人力部、环境部、建设局、陆路交通管理局及国家公园局等。他们有各种法规和要求，而且定期巡查各个工地，若有违反必定依情节轻重作出罚款、停工、控上法庭、停止引进工人权、停止投标权，直至吊销营业执照等处罚，其中的许多处罚都事关公司的正常经营。这给工程管理带来巨大压力，为了满足各部门的要求需耗费大量的人力物力。

另外值得一提的是对劳工输入的控制。尽管市场有需求，但新加坡政府基于民意对于建筑劳工的输入还是采取了相当严厉的管制措施。一是MYE（Man-Year Entitlements）制，所谓MYE指的是承包商根据所承接工程的合同额所享有的输入劳工的人年数；二是配额制，所谓配额制是指承包商在引进外国员工时必须按比例聘请当地员工，建筑业的比例是7∶1，即引进7名外劳必须雇佣1名新加坡人。三是提高劳工税，在最近几年新加坡政府将劳工税从每人每月100新元，提高到每人每月450新元。这大大地增加了施工企业的负担，严重地冲击了企业的经营和生产。

四、设计图纸变更频繁

在新加坡，建筑、结构和机电等专业设计通常是分别由不同的顾问公司来完成的。不同专业的图纸互相矛盾是常有的事，就算是同一专业，图纸错误也相当普遍。总包一般要在合同工期内完成各专业协调和最终的施工设计，公司的技术实力就是生产力。而高水平工程技术人员的储

备、培养、管理在这个小而透明的市场中也是一种考验。

以上这些困境是所有在新承包商所必须面对的，谁也无法改变，只能适应，并从中找出生机。

南洋公司自从1992年在新加坡注册，扎根于这片土地，已经20年了。这20年里世界经济风云变幻，经济危机和金融风暴时有发生，南洋公司全体同仁齐心协力，发扬艰苦创业敢为人先的精神，适应和掌握了新加坡市场规律，一路走来，披荆斩棘，勇往直前，跨过了一道道沟坎，渡过了一个个险滩，不断做大做强。

公司在1992年3月注册获颁G4资质（新加坡建筑企业分为G1到G8八个等级，G8为最高等级），1998年8月获建筑施工企业最高资质等级G8。在新加坡这个严格而又规范的市场，短短6年时间就拿到最高资质，是一个奇迹。拿到G8资质可以无限制投标，这给公司在新加坡市场大展拳脚获得了入场证，为公司长远发展拓展了无限的空间。

公司于1993年在经营方面取得零的突破，承接了815万新元的圣淘沙火山馆项目，之后再接再厉积极开拓市场，几年上一个台阶。随着经营和生产规模的不断扩大，公司的盈利也大幅增长，为总公司作出了应有的贡献，成为海外经营的亮点之一。

经过20年的努力，南洋公司在房建领域已得到长足发展，进入了稳定成熟的阶段。为了进一步壮大公司，拓展公司的发展空间，这几年南洋公司在经营多元化方面也作出了不懈的努力并有所突破。

● 一是以入股的方式和新加坡最大的房地产发展商远东机构合作进军房地产市场，成功中标一幅发展用地，拟建造共管公寓。这既有利于改变公司形象，又可以成为公司的一个增长点。

● 二是进军土木工程领域，经过多年的努力终于在2011年6月取得突破，一举中标2个地铁站项目，合同额2.16亿新元。这个突破意义重大，因为接下来几年房建市场可能萎缩而政府计划中的地铁项目投资额却大幅增长，土建市场极有可能成为公司未来发展的重要支撑。

南洋公司20年来，已经在新加坡市场确立了自己的品牌和优势，在市场稳稳地占据了一席之地，也赢得了社会的广泛认可。在过去的20年里公司签约项目150个，合同额80亿新元，完成项目122个，在施项目28个，共获得各种奖项41项。这些数据在国内同行的眼里也许微不足道，但在新加坡市场却是举足轻重。过去的5年南洋公司在房建领域的新签合同总额和数量都是排名第一，无论规模和影响在房建市场都名列前茅。

20年里，南洋公司共引进中国工人23600人次、印巴工人350人次。南洋公司在高峰期拥有自有工人5300人，现在自有工人约3000人，总包拥有如此庞大的自有工人队伍在新加坡市场是绝无仅有的，这也是南洋公司的特色和竞争力所在。

在新加坡无论走到哪里都会看到南洋公司建造的工程，无论走到哪里都会看到南洋公司的工地。中建的旗帜飘扬在新加坡各地不是文学语言而是事实。

南洋公司在过去的20年里取得了骄人的成绩，获得了长足的进步和发展，这体现了总公司和南洋公司的管理层战略决策的前瞻性和正确性，也与公司管理体系的不断完善，管理水平的不断提高有着必然的联系。综合项目管理部的设置就是体系建设的一个重要组成部分，取得了明显的效果。

为提升整体项目管理水平和公司的工程技术水平，公司于2009年10月决定成立综合项目管理部，综合项目管理部是在原技术部和质量部的基础上充实加强形成的。它包括三个职能板块：一、项目策划与技术支持（技术部）；二、项目评估及进度控制（评估组）；三、质量控制（质量部）。

五、项目策划与技术支持板块的主要职能

（一）项目投标阶段的策划与技术支持

如何组织施工、采用何种施工方法对于工程成本有着决定性的影响。

施工组织设计和施工方案的优劣也直接决定投标的技术评分。技术部门在投标阶段，根据项目的特点和投标要求，制定一套科学合理、有竞争力的施工组织设计和施工方案（包括临时开挖支护系统）。对于以下几个方面必须有一个初步的结论。

1. 施工总进度计划：要明确主要区块划分、施工顺序、施工节点日期。

2. 施工总平面布置：要明确施工临时设施的布置、施工道路及场地的布置、主要机械设备的布置。

3. 主要施工方案：针对项目的施工难点决定采取的施工方法。

4. 主要施工资源的计划。

5. 在方案演示中利用新的软件技术，使得方案更有表现力、更有说服力。

以上这些策划和技术工作对投标价格有着直接的影响，并对将来项目的具体实施有着指导性的作用。

（二）项目实施阶段的施工组织设计及主要施工方案

在工程项目中标之后，为了保证项目快速、有序、科学合理地组织实施，公司要求工程技术部门和项目部互相配合，在投标技术方案的基础上完成详细的可操作的施工组织设计及主要施工方案，并报公司项目管理部审批。

公司项目管理部将组织项目评估小组成员以及其他有经验的项目经理、项目董事等，对施工组织设计及主要施工方案审核和批准。项目部根据审核批准的施工方案，组织施工。

（三）优化设计

对于高、大、特、新、难的项目，结构优化设计是项目成败的关键。新颖的设计概念一可以解决技术难题，二可以节约工程成本。工程技术部门充分利用其专业技术知识和经验，采用先进的设计方法在条件许可的情况下，对公司承接的工程优化设计，协助各项目节省成本。

（四）新技术、新产品、新工艺的推广使用

新技术、新产品、新工艺的推广使用，对于提高生产效率、施工质量促进施工安全有着积极作用，同时也是适应了新加坡政府对提高劳动生产率的政策要求。

技术部的重要职责之一是：对新技术、新材料、新工艺的推广以及应用作可行性研究。制定公司的新技术推广计划并负责实施。

根据新加坡建设局最新颁布的易建评分（Constructability Score）系统，模板系统在评分标准中占有很大比重。工程技术部门对先进模板系统作了大量的调查研究和推广工作。除了在一些项目中推广使用当地的先进模板及外架系统外，2011年，与中建柏利（BAILI）联合，积极从国内引进有关系统。争取在两年内对公司的支撑系统、模板系统更新换代。最终目标是拥有自主品牌的模板系统（包括竖向系统模板、水平系统模板和外爬架），提高公司在市场上的竞争力。经过同新加坡建设局的紧密合作，完成对竖向系统模板的评估，取得同业中第二高的评分，并已移交项目使用。目前正在着手进行水平系统模板和外爬架的评估工作，力争在公司范围内，在适合的项目上尽快得到使用。

为了响应新加坡政府提高施工机械化减少对人力依赖的号召，公司与当地混凝土预制构件公司合作，在建屋局榜鹅C18项目设立现场混凝土预制构件厂，进行构件预制以节省人力，技术部门也积极参与其中。

新技术的推广对于项目管理信息化也大有帮助。新加坡建设局（BCA）于2011年提出了一项重要的措施，就是强制采用建筑信息模型（BIM）设计报批手续。从2013年起，建筑图必须使用BIM电子报批；从2015年起，结构图和机电图必须使用BIM电子报批。另外，从2012年起，政府公共项目率先使用BIM电子报批。

通过采用三维模型BIM，可以更加直观而有效地解决设计与施工中可能出现的各种错误，从而避免返工，提高劳动生产率。公司已成功地申请到BIM三维模型项目的政府资助2万新元，购买了软件，并正在政府公共组屋项目中实施。

在BIM已经势在必行的情况下，工程技术部门正在与软件开发商探讨五维模型（5D）在项目中应用的可行性。在三维模型的基础上，应用五维模型作成本管理和进度控制。近期目标是公司小范围内试运行，为早日全面推广奠定基础。

绿色建造是新技术推广的另一个着力点。在新加坡推广绿色建造的工作主要是由设计院来进行，承包商主要是配合设计的绿色建造要求来实施。在过去几年，南洋公司承建的项目有不少获颁绿色标志工程奖。

（五）临时结构设计及技术协调支持

主要是帮助项目作一些临时设施及结构设计，施工过程中的设计修改，为各项目提供部分专业工程师（PE）服务，针对技术协调力量不足的项目，工程技术部门派出资深建筑协调员和工程师给予技术协调支持。

六、项目评估及进度控制板块（项目评估小组）

这个职能板块的职能有如下几个方面：

1. 实时监控各项目的运行状态，及时发现问题并及早采取措施解决问题；

2. 资源安排的导向作用。项目小组综合评估确定各项目问题的严重性并排序，给公司的资源安排提供参考，最大限度地发挥资源的功效；

3. 与各职能部门互动加快各种问题的解决。项目小组每月会收集整理各项目存在的涉及各有关职能部门的问题，每月报呈报给公司管理层和有关部门，并在董事会上讨论，从而加大了解决问题的力度和速度；

4. 交流学习的平台作用。小组成员到各项目走访，讨论和解决问题，在这个过程中所有的参与者都可以看到学到不少东西，互相之间也可以分享经验，对所有的参与者都有提高。

5. 公司管理的参谋作用。小组参与公司重大施工方案的审批，受公司委托进行管理问题的专题讨论并给出意见如：劳务分包问题、质量管理及奖励措施问题等。

（一）建立项目评估及监控系统

1. 机构的建立：针对南洋公司规模较大、项目较多，公司成立了以十名项目经理、董事兼职和一名常务人员组成的项目评估小组；

2. 制定和完善简单易行的项目运行状态信息反馈表格。包括以下几项内容：（1）项目基本信息资料；（2）结构、建筑、机电进度表格；（3）项目问题汇总表。

（二）执行监控系统

1. 要求各项目每月22日之前按监控表格填报项目信息；

2. 每月第一个周六，项目评估小组根据收集的信息进行汇总评估并得出以下结果：

（1）根据各项目结构、建筑施工延误的不同程度，分为A、B、C和D级；

（2）对于延误比较严重的项目，组织评估小组成员现场走访，协助项目分析、发现问题并提出解决方案及建议；

（3）汇总各项目在劳动力、管理人员、采购、技术等方面存在的问题，上报给公司管理层及有关职能部门，要求协助解决；

（4）根据收集到的信息和评估的结论，向公司管理层提出解决问题的方案；

（5）根据公司管理层的要求，对于公司管理方面的热点问题，提供咨询意见；

（6）每月按时向公司管理层呈报"项目管理状态月报"。

（三）分组监控，小组工作有序有计划进行

1. 由于小组成员都是兼职的，都有自己所管的项目，分布在全岛各地。为了便于开展工作，根据小组成员所在位置将项目评估小组分成东部、中部和西部三个小组。分别监控各区项目；

2. 为使项目评估小组的工作有序、常态地进行，项目小组会在年初制定全年工作计划，年底作总结。

根据这几年公司项目运行的情况来看，项目评估小组成立两年多，为公司项目管理水平的提高发挥了重要作用。

七、质量控制板块

一个公司的品牌是以企业产品的质量为支撑的，而能否控制好质量做到一次成活，减少返工对于降低成本提高企业的竞争力也是非常重要的。在质量管理方面主要做了以下几方面的工作：

（一）大力加强质量管理机构的建设。根据质量管理工作的需要，质检部门充实管理人员，各个项目也根据项目的大小配置数量不等的质检工程师、工长和质检员，与公司质检部门业务对接。公司和项目的主要领导也把质量管理当作主要的工作来抓。形成了上下一体的质量管理组织体系。

（二）公司质检部门着力建立健全质量管理制度和工作流程。这主要体现在以下几个方面：

1. 根据新加坡建设局CONQUAS质量评定标准，结合公司情况制定了可操作的、全面的建筑和结构质量评分标准；

2. 根据所制定的标准，每月对各个项目抽样检查评分，并将各项目评分的结果汇总分析，按分数的高低将项目分为A、B、C和D四等，在公司月度生产会上公布，并对质量好的项目奖励，差的通报；

3. 要求每个项目就检查中发现的主要质量问题提交整改报告并采取整改行动。

（三）狠抓过程控制，提高一次成活率，减少返工浪费

好的工程质量可以用两种方法得到，一种是反复修补达到好质量，

另一种是加强过程控制一步到位。公司质检部门在过程控制方面作了大量的工作。

1. 与各项目部反复研究确定正确的施工程序和工艺流程，与有经验的工程师和工长研究确定各工序的正确工法，然后下发各项目遵照执行；

2. 对于重要和困难的工序，组织工程师和工长培训并现场演示，跟踪检查以确保工人按照正确的工序和工法施工；

3. 特别关注瓷砖和大理石等有色差问题的饰面材料的收发和保管，确保各批次材料的用处记录清楚，维修用量预留充足合理；

4. 严格要求加强成品保护，在质量评分系统中，成品保护也是评分项目之一；

5. 加强工人质量意识的培养，使得开工首先要想到质量、完工一定要保护成品成为每一个工人的自觉意识和行动。

通过公司质检部门和公司全体员工的共同努力，做到了组织上落实、制度上保证、做法上明确和监督检查上认真。这几年公司施工质量有了一个大的飞跃，可谓硕果累累。这从新加坡建设局对南洋公司项目的质量评分（CONQUAS）的变化就可以明显看出来，下表显示了2001年以来，历年新加坡全国平均分数和南洋公司的平均分数。

时间	新加坡 CONQUAS 平均分数	中建南洋平均分数
2011 年	87.2	93.0
2010 年	84.9	90.3
2009 年	82.0	88.0
2008 年	81.4	84.4
2007 年	81.1	80.2
2006 年	80.6	78.0
2005 年	80.6	81.2
2001—2004 年	77.6	79.9

除了以上质量评分反映出来的进步以外，这几年公司每年都要捧回2~3个全国质量优秀奖，塑造了公司的良好形象，扩大了公司在市场上

的影响。

部分获颁新加坡建设局建筑卓越奖（EXCELLENT AWARD）项目如下：

项目	奖励情况	备注
杜克－国大医学研究生院项目	建筑卓越奖——金奖	2009 年
缅布公寓项目	建筑卓越奖——金奖	2009 年
圣淘沙公寓项目	建筑卓越奖——金奖	2008 年
南洋理工大学行政综合楼项目	建筑卓越奖——金奖	2008 年
勿洛政府组屋项目	建筑卓越奖——金奖	2008 年
南洋理工大学行政综合楼项目	建筑卓越奖——金奖	2005 年
英华中学项目	建筑卓越奖——金奖	2004 年
南洋理工大学二期项目	建筑卓越奖——金奖	2004 年

中建南洋公司在项目管理，尤其在房建项目方面日趋成熟，并在土木地铁领域取得了突破。同时，我们清醒地认识到，在竞争日益激烈的新加坡建筑市场，很多世界级的总承包商参与其中，项目管理与技术的不断创新是公司核心竞争力的具体体现，是公司生存与发展的根本。国际工程中，机遇与挑战并存，逆水行舟，不进则退。南洋公司将不断创新，不断提升项目的精细化管理水平。